《现代生态循环农业技术与模式实例》编委会名单

名誉主编　陈良伟　董丽波

主　　编　陆若辉

副 主 编　杨治斌　周　斌　张　寒　丁巧丽

编写人员（按姓氏音序排列）

陈坚荣　丁　琳　丁巧丽　高吉良　何青芳

胡惠珍　孔海民　刘晓霞　陆若辉　吕旭东

裘一冰　沈　月　王　飞　杨治斌　张　寒

张　路　周　斌　朱伟锋

审　　稿　吴良欢

现代生态循环农业

技术与模式实例

陆若辉 主编

ZHEJIANG UNIVERSITY PRESS
浙江大学出版社

图书在版编目（CIP）数据

现代生态循环农业技术与模式实例 / 陆若辉主编. —杭州：浙江大学出版社，2016.9(2023.6 重印)
ISBN 978-7-308-16137-4

Ⅰ.①现… Ⅱ.①陆… Ⅲ.①生态农业—农业技术—研究 ②生态农业—农业模式—研究 Ⅳ.①S-0

中国版本图书馆 CIP 数据核字（2016）第 194516 号

现代生态循环农业技术与模式实例
陆若辉 主编

策划编辑 阮海潮
责任编辑 杨利军 沈巧华
责任校对 丁沛岚
封面设计 杭州林智广告有限公司
出版发行 浙江大学出版社
(杭州市天目山路 148 号 邮政编码 310007)
(网址：http://www.zjupress.com)
排 版 杭州青翊图文设计有限公司
印 刷 广东虎彩云印刷有限公司绍兴分公司
开 本 880mm×1230mm 1/32
印 张 4.125
字 数 111 千
版 印 次 2016 年 9 月第 1 版 2023 年 6 月第 11 次印刷
书 号 ISBN 978-7-308-16137-4
定 价 32.00 元

序 言

现代生态循环农业试点省建设是农业生态化、生态经济化的关键之举，是浙江农业再创供给侧结构性改革新优势的战略选择，也是农业部门构建山水林湖田生命共同体的重要探索。这两年，浙江省农业系统紧紧围绕省委、省政府“五水共治”决策部署，遵循问题导向、目标导向的原则，抓住全国唯一现代生态循环农业试点省契机，围绕“一控两减四基本”目标，坚持治水、治气、治土联动，铁腕推进农业水环境治理，大力发展现代生态循环农业，取得了明显成效。

《现代生态循环农业技术与模式实例》以生态循环农业技术和农业水环境治理模式为基础，分为治理、减量、循环和节水四篇共36个技术模式，内容涵盖了畜禽养殖污染治理、化肥农药减量、秸秆综合利用和农药包装废弃物回收处置等方面，通过图说形式进行讲解，对农业科技人员、创业者和从业者来说易学、易记、易用。

本书由长期从事浙江省现代生态循环农业发展和农业水环境治理工作且实践经验丰富的专家和技术人员编写而成，融合了近年来浙江省农业水环境治理和现代生态循环农业发展的宝贵实践经验和成熟的技术模式，辅之以新颖的内容和版面设计，使复杂标准流程化、高深技术通俗化，是实现农业水环境治理和生态循环农业技术模式从理论指导走向实践应用的重要载体，对推进浙江省农业水环境治理、现代生态循环农业发展具有重要的指导作用。

浙江省农业厅副厅长

2016年5月

目 录

治 理 篇

1. 高温炭化 …… 003
2. 保险联动 …… 006
3. 养蛆治废 …… 009
4. 以藻治污 …… 012
5. 沼液浓缩 …… 015
6. 重拳组合 …… 018
7. 水禽旱养 …… 021
8. 一“区”两得 …… 024
9. 移栏上山 …… 027
10. “销销”结合 …… 030
11. 主体回收 …… 033

减 量 篇

12. 统防统治 …… 039
13. “五步”减药 …… 042
14. “六字”减药 …… 045
15. “连环”减药 …… 048

16. 精准施肥 ………………………………………… 051
17. 生物供氮 ………………………………………… 054
18. 有机替代 ………………………………………… 057
19. 脲铵替代 ………………………………………… 060

循　环　篇

20. 区域循环 ………………………………………… 065
21. 生态循环 ………………………………………… 068
22. 区域转运 ………………………………………… 071
23. 县域循环 ………………………………………… 074
24. “三沼”并用 ……………………………………… 077
25. “三区”融合 ……………………………………… 080
26. “废”不出户 ……………………………………… 083
27. 生态农庄 ………………………………………… 086
28. 开启能源 ………………………………………… 089
29. 多级循环 ………………………………………… 092
30. 一秆多用 ………………………………………… 095
31. 生态种植 ………………………………………… 098
32. 桑枝木耳 ………………………………………… 101

节　水　篇

33. 雨水回用 ………………………………………… 107
34. 喷灌节水 ………………………………………… 110
35. 薄露灌溉 ………………………………………… 113
36. 节水减排 ………………………………………… 116

参考文献 ……………………………………………… 119

治 理 篇

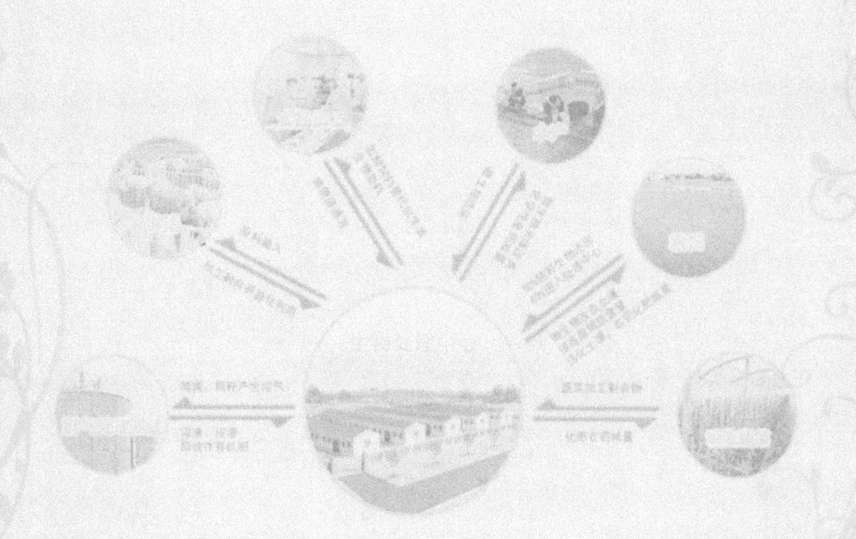

1. 高温炭化

模式概要

该模式采用国际通行的动物热解炭化无害化处理技术，处理过程清洁、环保；按乡镇或区域建设收集点，有利于落实基层政府监管责任，但建设运行成本相对较高。

因地制宜创建“场报告、乡收集、市处理”的病死动物收集处理模式，建立“政府监管、企业运作、财政扶持、保险联动”的运行机制，基本构建起病死动物“收得起、能处理”的公共处理体系。

明确养殖主体和各级政府责任，强化养殖主体的公德意识，细化各级政府的监管职责。

模式内容

湖州市病死动物无害化处理中心，由湖州市工业和医疗废物处置中心于 2012 年底建设，浙江省财政以项目专项补助 360 万元，湖州市财政给予 1500 万元贷款额度连续 5 年贴息补助，对病死动物的处理采用国际通行的动物热解炭化无害化处理技术，设施由进料装置、热裂解炭化炉、燃烧器、出料装置、二次燃烧室、空气增湿冷却模块、空气净化模块和烟囱构成。

病死动物收集点按乡镇或区域布局，远离村庄单独建设，或与乡镇生活垃圾收集站结合建设，县区政府负责监督管理。目前，全市已建成并试运行收集点 23 个，有望实现收集区域全覆盖。

收集、处理体系以养殖场主动报告、乡镇统一收集冷藏、中心统一上门转运处理的程序运行。收集人员的报酬、车辆运输、冷库储存等费用以乡镇承担为主、县区补助为辅。各环节的交接过程建立登记台账，只有当收集点、乡镇、县区和市病死动物无害化处理中心的统计数据相符，并经农业局、财政局两个部门审核无误后，补助资金才被拨付至病死动物无害化处理运行单位；保险公司凭病死动物无害化处理中心的处理单进行理赔；县区按生猪饲养量，每年每头补贴1元无害化处理经费。

同时，明确养殖主体和各级政府责任。养殖场(户)承担养殖环节病死动物处理的主体责任；乡镇政府承担收集管理和无害化处理的责任，乡镇主要领导为第一责任人。要求各乡镇、村建立病死动物巡查队伍，配备相应的巡查车辆，开展动态巡查；各县区、乡镇设立病死动物举报电话。

模式成效

该模式处理过程中无须破碎，操作简单，处理现场噪声低、无粉尘、无异味，降低了感染风险和二次污染的发生概率；干燥、热解、炭化和冷却整个流程都在炉内完成，劳动强度低、灭菌效果好；无氧环境下热解处理，减少了有害气体的生成，也降低了后续烟气处理成本；通过热解炭化技术产生的约15%的生物质炭，用机器磨成粉后，可以直接用作土壤改良剂、燃料等，实现以废治废、清洁生产、节能减排，使资源得到再利用。

目前处理中心已安装一套日处理能力6吨的炭化处理系统。

高温炭化

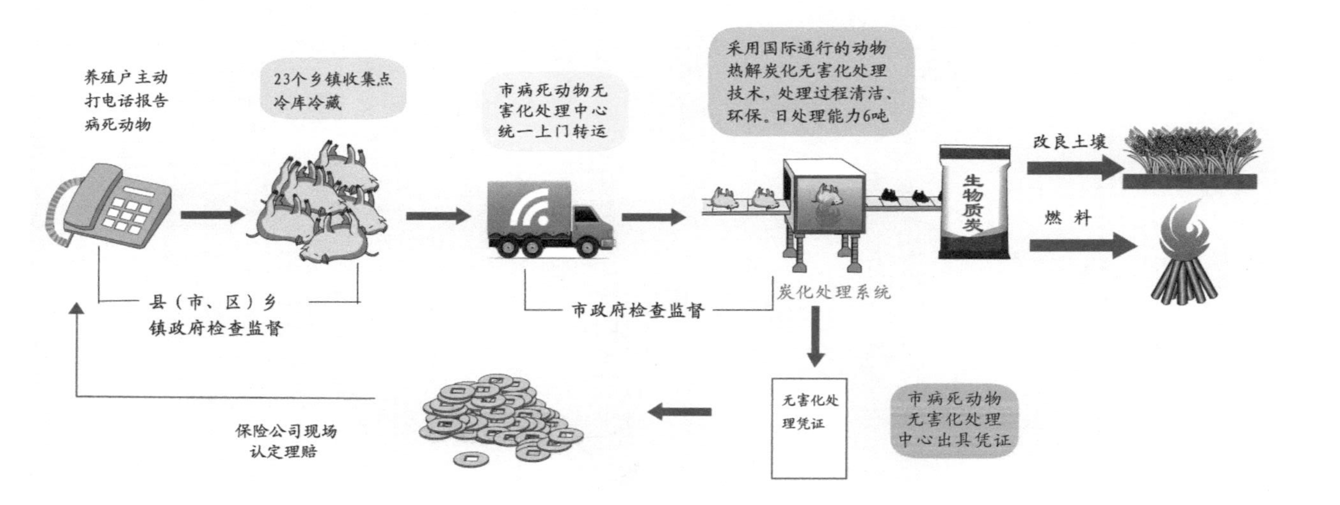
养殖户主动
打电话报告
病死动物
23个乡镇收集点
冷库冷藏
市病死动物无
害化处理中心
统一上门转运
采用国际通行的动物
热解炭化无害化处理
技术，处理过程清洁、
环保。日处理能力6吨
生物质炭
改良土壤
燃 料
县（市、区）乡
镇政府检查监督
市政府检查监督
炭化处理系统
无害化处
理凭证
市病死动物
无害化处理
中心出具凭证
保险公司现场
认定理赔

2. 保险联动

模式概要

按照“政府主导、企业运作、财政补贴、保险联动”的原则，以“统一收集、集中处理”的病死动物无害化处理体系为基础，浙江省衢州市龙游县在全国首创了生猪统一保险与病死猪集中无害化处理联动机制，从源头杜绝了养殖户随意丢弃病死猪或病死猪流入非法加工销售渠道的发生，有效保护了生态环境，保障了公共卫生和食品卫生安全。

模式内容

病死猪带来的食品与环境风险时有发生，如病死猪肉流向餐桌，黄浦江、赣江死猪漂浮等问题。保险业如何有效缓解甚至控制这些风险？从2013年开始，位于钱塘江源头的生猪养殖大县——浙江省龙游县，在全国首次建立生猪统一保险与病死猪集中无害化处理联动机制，不但从源头上有效预防上述问题，还实现了农户、无害化处理中心、保险公司等多方共赢。

全县生猪由畜牧部门按年组织投保，除禁养区外，包括散户在内的所有生猪养殖场(户)均可为本场的大小生猪投保。投保数量按能繁母猪与育肥猪1∶20或存栏生猪数量的2.4倍的比例计算。保费27元/头，养殖户承担(自交保费)4.05元/头，另外由中央、省、县级财政分别按40%、35%、10%比例给予补贴。理赔额按生猪尸长计算。具体为：体长55(含)厘米以下赔30元/头，55～80(含)厘米赔70元/头，80～100(含)厘米赔160元/头，100～130(含)厘米赔350元/头，130厘米以上赔600元/头。理赔以病死猪无害化处理为前置条件，只有将病死猪交到县无害化处理中心，经农户、畜牧部门、人保公司和无害化处理中心四方签字确认，由农户填写一张查勘报告后，方可结案理赔。为确保保险查勘与无害化处理无缝对接，畜牧部门和人保公司在无害化处理中心配备专人，共同建立日收集和处理工作台账，实现无害化处理和保险数据共享。

为强化养殖主体的生态责任意识，规模场全部自建冷库（冷柜）存放病死猪，散养户病死猪则由村保洁员统一收集并分户标记存放至公共小型冷库，目前全县共建各类病死猪存放冷库或冷柜712个。病死猪存放到一定数量时，规模场（或保洁员）只需拨打统一电话通知无害化处理中心，一般在3天内，处理中心的收集人员会同保险公司的查勘人员上门“取货验货”、填写一份“四联单”，养殖户除了存放成本外，不再花一分钱便可把病死猪处理掉，同时还可凭单据从保险公司领取理赔款。无害化处理中心由浙江集美生物技术有限公司建设和承担日常运行，日处理能力20吨以上，采用较为先进的炭化处理技术。保险机制的引入，保证了病死猪不外流，确保了无害化处理，实现了无害化处理中心的可持续运营。

模式成效

据统计，2014年全县已有140.87万头大小生猪被纳入统保，县无害化处理中心从2014年3月到7月底，共处理病死猪160920头，已理赔1106万元。该模式通过保险与防疫联动互促机制，形成了收集、监管全覆盖，从源头杜绝了养殖户随意丢弃病死猪或病死猪流入非法加工销售渠道，保护了全县农村生态环境，保障了公共卫生和食品卫生安全。

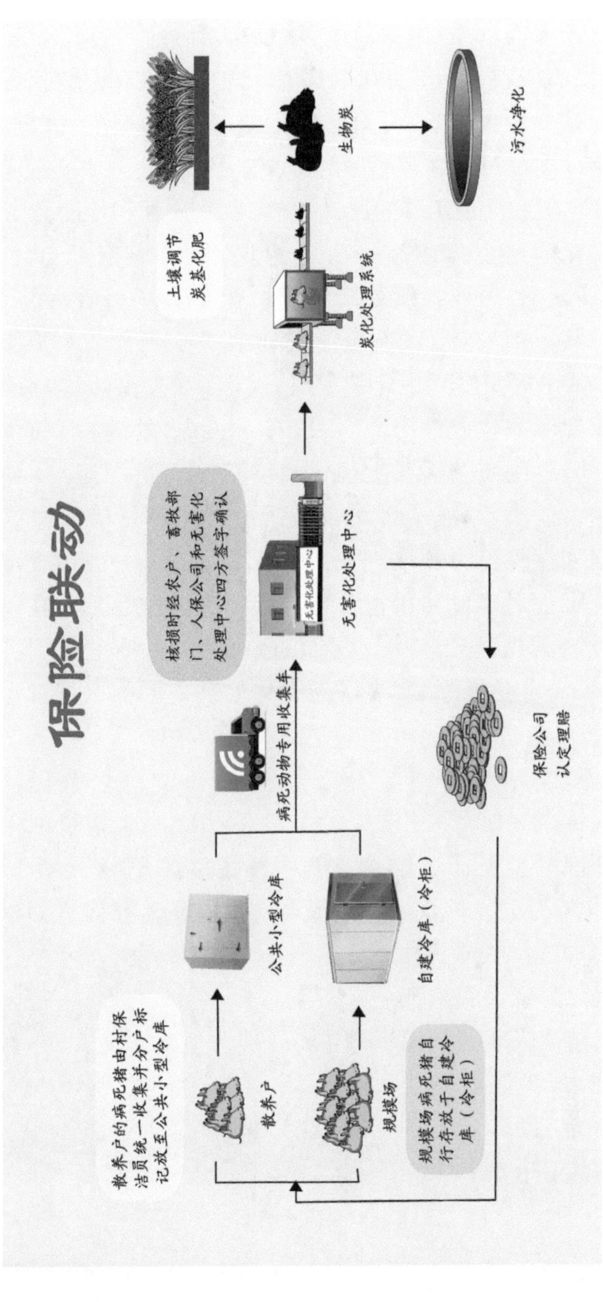
保险联动
散养户的病死猪由村保洁员统一收集并分户标记放至公共小型冷库
散养户
规模场
规模场病死猪自行存放于自建冷库（冷柜）
公共小型冷库
自建冷库（冷柜）
病死动物专用收集车
核损时经农户、畜牧部门、人保公司和无害化处理中心四方签字确认
无害化处理中心
炭化处理系统
土壤调节
炭基化肥
生物炭
污水净化
保险公司
认定理赔

3. 养蛆治废

模式概要

利用新鲜猪粪养殖蝇蛆，生产可替代进口鱼粉的优质蛋白饲料，实现了蛋白饲料资源的产业化经营，处理后的猪粪成为可直接利用的有机肥或燃烧棒。该模式把养殖场排泄物处理的负担变为年获利500多万元的盈利项目，值得无法就近消纳排泄物的大型养殖场或有机肥加工企业借鉴。

模式内容

蛆是蝇类的幼虫，蛆蛋白含量丰富，是牲畜的高蛋白饲料，其营养水平可与最好的鱼粉相媲美，深受广大养殖户欢迎，养殖效益极高。猪粪质地细腻，有机物及营养成分含量高，是养蛆的理想温床。猪粪养蛆分以下三步：

一是猪粪发酵。混入一定量米糠到猪粪中，搅拌均匀，控制物料水分在60%～65%（手紧抓一把物料，指缝见水印但不滴水，落地即散为宜），堆置（高1.2～1.5米，宽2米），发酵过程中要注意翻堆2～3次，控制温度在65℃左右，一般两周内可完成发酵。

二是集卵。把发酵好的猪粪送进蛆房，堆成长0.8米、宽0.2米、高0.15米的长条状，在粪堆上安放集卵物，每条放三小堆。集卵物的配方是：以100千克粪料计算，麦麸1千克、鱼粉0.1千克、花生麸0.15千克、水1.5千克，混匀后就可放在粪堆上。

三是收蛆。在室温25～35℃的环境中，卵块一般在8小时后孵化成小蛆，小蛆会先消耗集卵物，然后钻入粪堆成长。发酵后的猪粪营养均衡，营养成分更容易被蛆消化吸收，可以保证蛆快速生

长的营养需求。孵化后 72～96 小时是蛆爬出粪堆的高峰期,可以进行收集。一般放进粪后的第 4 天,粪堆里面的蛆可基本被收集完毕。

杭州市萧山农业对外综合开发区,是肉猪养殖集中区域,为减排和开发利用猪粪资源,投资 2000 万元,建设了 2 万平方米的蝇蛆养殖场及 1.5 万平方米的有机肥料厂。实现了“猪粪—蝇蛆—蛋白饲料—有机肥(燃烧棒)”循环模式。简单地说,就是将猪粪尿干湿分离后,用经初步发酵的猪粪养蝇蛆,几天后就可以将蝇蛆、猪粪分离,蝇蛆经清洗、烘干后,加工成优质蛋白饲料,替代优质鱼粉,余下的猪粪和蝇蛆排泄物经发酵、腐熟、干燥后,加工成优质有机肥,或制成每千克含热能 14651 千焦以上的燃烧棒,替代煤炭,用作冬天猪舍保温的燃料。

模式成效

猪粪经蝇蛆生物处理和消化后,含水率可降低到 50%左右,粪渣重量约为处理前的 1/3,不添加任何辅料即可直接进行二次发酵,大大降低有机肥生产成本。2 万平方米的蝇蛆养殖场全年可处理鲜猪粪 6 万吨,生产高品质有机肥 1.5 万吨、蝇蛆 1500 吨。实现有机肥产值 675 万元,蝇蛆产值 600 万元,加上燃烧棒效益,总利润可达 550 万元,并解决 100 多人的就业问题。

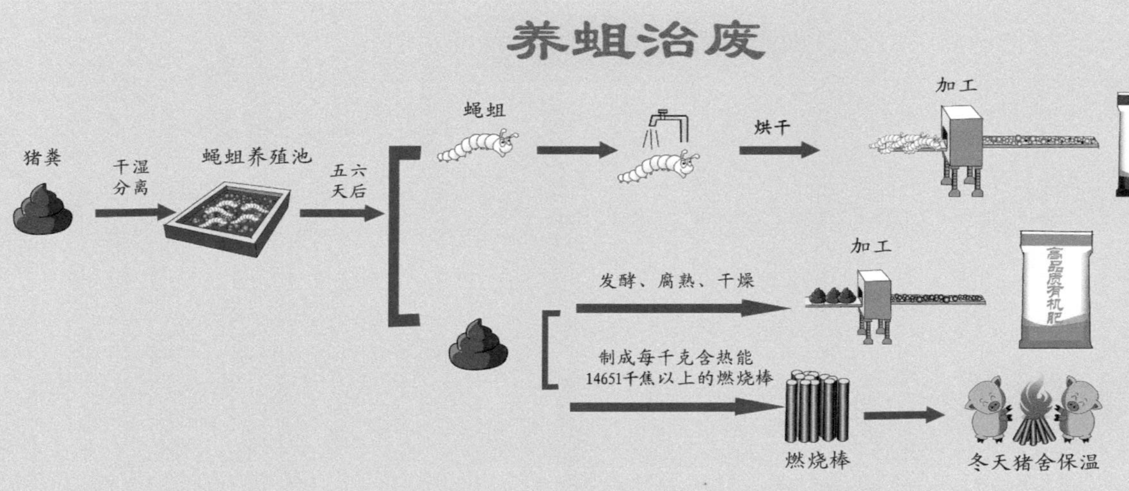

通过该模式，每年可以处理生猪排泄物6万吨，生产高品质有机肥1.5万吨，实现有机肥产值675万元，蝇蛆产值600万元，加上燃烧棒效益，总利润可达550万元。

4. 以藻治污

模式概要

该模式以生猪养殖污水厌氧发酵后的沼液为主要原料，通过稻草池生物质消纳、狐尾藻生态湿地吸污两道工序，利用狐尾藻耐肥性强、吸肥量大和化学需氧量(COD)大、对氨氮和磷的吸附净化力强的特性，降低养殖污水的 COD、氨氮和总磷含量，达到国家畜禽养殖业污染物排放标准，实现生猪养殖的“零污染”。

模式内容

生猪养殖产生的粪尿经干湿分离后，干粪经堆积发酵后加工成有机肥，用于种植有机蔬菜；尿液及养殖污水进入沼气厌氧池发酵，产生的沼气用于发电，沼液通过自动控制系统依次通过 5 个以稻草为基质的生物质池，经过一段时间(因气温高低所需时间不同)的生物质消纳后，池内水体由黑色浑浊转为半透明，此时将生物质池中水引入狐尾藻生态湿地进行二次处理，利用狐尾藻的快速生长进行多级净化，经一段时间后，即可实现达标排放。

数据跟踪监测表明，初始流出的养殖污水 COD、氨氮、磷含量分别高达 10000 毫克/升、2000 毫克/升、200 毫克/升，经沼气池厌氧发酵、稻草生物质池消纳、狐尾藻湿地处理后，分别降至 100 毫克/升、20 毫克/升、2 毫克/升以下，达到国家规定的畜禽养殖业污染物排放标准。狐尾藻营养价值较高，粗蛋白质含量达 17%～20%，在湿地中繁殖至一定规模后进行收集加工，用于与精料混配，替代部分精料降低成本。

该技术模式利用狐尾藻吸肥量大、生长快速的特点降低污水中的有机质含量，因此需要保证狐尾藻高生长速率才能有好的治污效果，气温较高时效果较好。狐尾藻水面覆盖率不宜过高，应及时捞取。养殖场需配套设置部分设施装备，一是从沼液池到稻草生物质池的污水输送管道、水泵等设备；二是从稻草生物质池到狐尾藻湿地的处理水布水管道；三是狐尾藻加工机械设备，主要为遥控收割船与运输牧草工具、饲草粉碎机、饲料打浆机等。

该技术模式的应用，以存栏 5000 头生猪的养殖场为例，需建总面积约 670 平方米、总容积 800 立方米的生物质消纳池，同时配套建设狐尾藻生态湿地 2 公顷，日处理污水 50 吨左右，总投资约 30 万元。

模式成效

运用狐尾藻治污模式，生猪养殖污水治理成本大大降低，只需约 2 元/吨，为沼液纳管处理成本的 1/15，工业治理成本的 1/30～1/20。狐尾藻经粉碎后拌入少量精料（玉米粉等），装入 200 千克的大桶发酵，一周后取出，与 70%的精料混匀喂猪，也可用发酵打浆的狐尾藻来饲喂育肥猪。每头猪日均拌喂混合饲料 2.5～5 千克，养殖全程头均替代精料30～40千克，可节约饲料成本 95 元，去除人工收割、电力等费用后，还可增加经济效益 60 元。养殖过程中发现，用狐尾藻饲喂的生猪体质较好，用药次数有所减少，肉质优良、口感爽嫩。目前使用狐尾藻代替部分精料饲养的草猪猪肉，口感好、香味浓，售价高于普通饲料喂养的猪肉，可达 60 元/千克，有很好的经济效益。

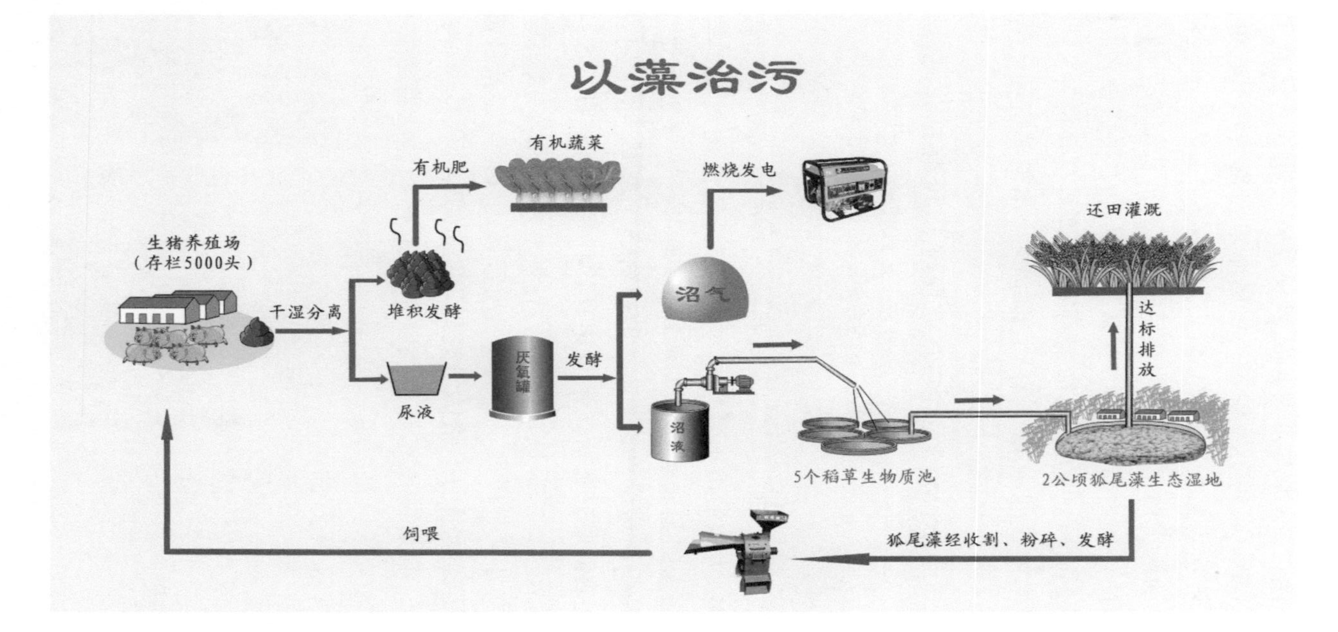
以藻治污
生猪养殖场
（存栏5000头）
干湿分离
堆积发酵
有机肥
有机蔬菜
尿液
厌氧罐
发酵
沼气
燃烧发电
沼液
5个稻草生物质池
2公顷狐尾藻生态湿地
达标排放
还田灌溉
狐尾藻经收割、粉碎、发酵
饲喂

5. 沼液浓缩

模式概要

沼液膜浓缩分离和液肥化技术，能使沼液处理后，其中90%的水分达到清洁排放和农田灌溉要求，还能有效利用10%沼液浓缩液，将其开发成符合农业行业标准的液体肥料，从而实现沼液和水资源标准化循环利用。该模式适合沼液社会化服务组织和大型规模养殖场推广应用。

模式内容

沼气工程采用的厌氧发酵技术不仅能够减少温室气体排放，而且还可以替代部分能源供热，利用富含营养物的终产物来促进营养物质的循环，是解决环境与能源问题的重要途径之一。但是沼气池的创建，也带来了数量庞大的厌氧发酵残留物——沼液。在不少地方，大量排出的沼液因无法得到妥善处理而引发了二次污染，所以沼液先浓缩再资源化利用显得日益重要。

浙江大学对沼液采用了“三部曲”的处理方法。首先在了解不同来源的沼液的营养特性和污染情况的基础上，进行无害化处理和固液分离，对于有重金属污染风险和悬浮物较多的沼液，用电絮凝技术分解、絮凝及固液分离，去除污染物风险；其次将经过前处理的沼液，通过陶瓷膜技术、反渗透膜技术和纳滤膜技术等多级膜处理技术，实现有机物和营养物质的截留和浓缩；最后沼液的90%分离成化学需氧量(COD)小于50毫克/升的清洁水，可回用，10%分离成浓缩沼液后加工成液体配方肥。

其中采用的反渗透膜技术，是如今最先进、节能、有效的膜分离技术之一。反渗透膜是通过膜两侧静压差所产生的推动力，对液体混合物进行分离的选择性分离膜。在使用中通过水泵对废水进行外部加压而产生反渗透压，来克服自然渗透压及膜的阻力，操作压力基本控制在1.5～10.5兆帕。因为反渗透膜的孔径极小(约1纳米)，只能通过水和部分其他溶剂，因此可以较好地去除水中的溶解盐类、胶体、微生物、有机物等。工艺流程图如下：

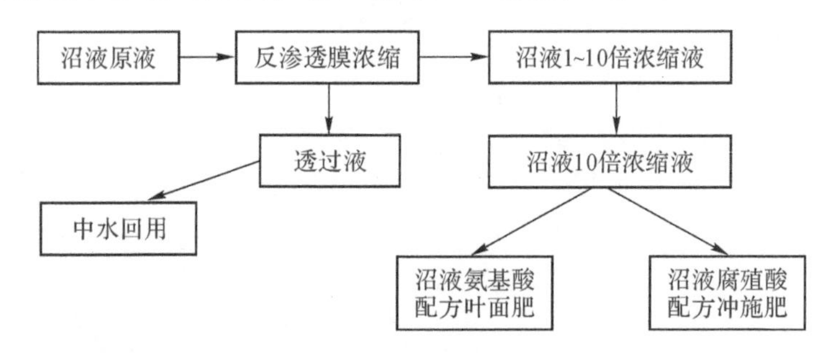

模式成效

该技术已在宁波、衢州、青田等地推广应用。日处理沼液50吨的设备，总投资约50万元，沼液每吨处理成本5～7元，远低于污水处理成本。按年处理沼液15000吨测算，综合效益如下：

(1)经济效益。年产值80.4万元，其中浓缩液产值75万元(1500吨×500元/吨)，节水减排产值21.6万元(其中，减排废水1.35万吨×4元/吨，计5.4万元)。

(2)生态效益。减排COD 29.9吨(按COD浓度2000毫克/升计算)，减排氨氮22.4吨(按平均0.2%×75%计算)，节约氮肥22.5吨，减排总磷6.8吨(按平均0.05%×92.5%计算)，节约化学磷肥6.8吨，节约钾肥12吨，还能节约其他肥料。同时，还可大量减少沼液配送运输成本，减轻配送运输造成的二次大气污染。

沼液浓缩

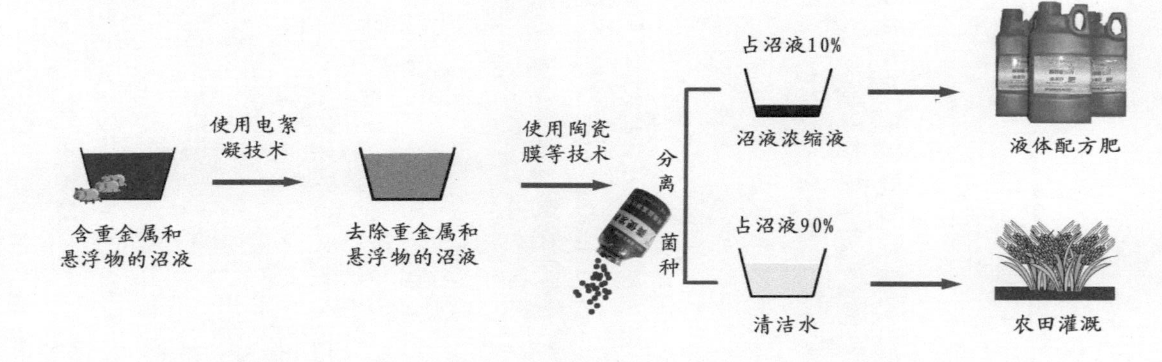
含重金属和悬浮物的沼液
使用电絮凝技术
去除重金属和悬浮物的沼液
使用陶瓷膜等技术
分离菌种
占沼液10%
沼液浓缩液
占沼液90%
清洁水
液体配方肥
农田灌溉

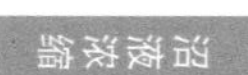

6. 重拳组合

模式概要

综合运用生化处理、就地利用、异地消纳和沼液浓缩达标排放等技术，解决大中型养殖场配套土地不足、全部工业化治理费用成本过高、需肥淡季难以消纳等治理难题，保障了畜禽排泄物常年有效处理与利用，实现零排放。

模式内容

猪粪经干湿分离后，进入有机肥料厂（或畜禽粪便收集处理中心），加入适量木屑、菇渣及菌种进行好氧堆制，形成初级有机肥和商品有机肥。猪尿、冲栏水及生活污水等进入沼气厌氧发酵罐发酵，沼气用于供暖供电。

沼液则通过三招处理实现零排放。第一招生态处理。一部分沼液进入生物氧化塘，进行多级沉淀处理，并在最后几个池中种植水生植物，净化沼液，降低化学需氧量（COD）和生物需氧量（BOD）。第二招就地利用和异地消纳。就地施用于场内牧草基地，牧草被加工后可作为生猪青饲料；也可定期定量用于养殖草鱼和淡水小龙虾，水面同时种养水葫芦、水草等水生植物作青饲料，形成“沼液沼渣—水生植物—猪鱼虾”的生态养殖模式；在牧场附近建设沼液储存池，无偿提供周边农户使用。农户根据不同作物、不同季节，进行合理施肥，一般按每亩每季作物 3000 千克沼液为宜。同时，通过沼液运输槽罐车，将沼液定点、定期运到周边农场、农业园区进行异地消纳。第三招工业净化。应用沼液浓缩技术（浓缩倍率为 5～10 倍），经膜浓缩后，浓缩液用于资源化利用，过滤液达标后排放或回用(沼液经处理后COD小于100毫克/升)。

该技术模式的应用,以常年平均存栏2万头生猪的养殖场为例,需建5000平方米有机肥料厂房,配套建设1000立方米沼气工程等生产环保设施、日处理沼液100吨的沼液浓缩设备,配套牧草基地、生物氧化塘等20公顷以上以及异地利用的沼液运输车和田间储液池,整个工程需投入800万元以上。

模式成效

(1)有机肥收益。猪粪加工的有机肥每吨可卖600元,扣除各项成本费用约为400元(原料成本225元,工人费用15元,折旧费用65元,其他费用95元)。若以年产鲜粪8000吨计,添加木屑、菇渣后可制有机肥约4000吨,年收益可达80万元。

(2)液态肥收益。以日处理沼液100吨的设备为例,沼液经5～10倍浓缩后,分离成浓缩液10～15吨、清水85～90吨,浓缩液每吨可卖到150元,效益共计1500～2250元,清水回用于冲洗猪栏等,年可节水7万吨。该设备的处理成本约为7元/吨,主要是电费、药剂费用和膜的折旧,日处理100吨,只需要700元的成本,一天可产生的利润为800～1550元,一年可产生经济效益40多万元。

(3)能源收益。该规模养殖场干清粪后,年污水产生量约8万吨,经沼气工程处理后,年可产沼气4万立方米(相当于标准煤2.9万千克或天然气2.2万立方米),按最低3.1元/立方米天然气价格计算,年可节约能源开支6.8万元。

综合以上收益,常年存栏2万头猪场采用该模式治污后,年可获利120多万元。此外,"猪—沼—果""猪—沼—稻"等生态循环模式,还能提高土壤有机质含量,促进地力提升。

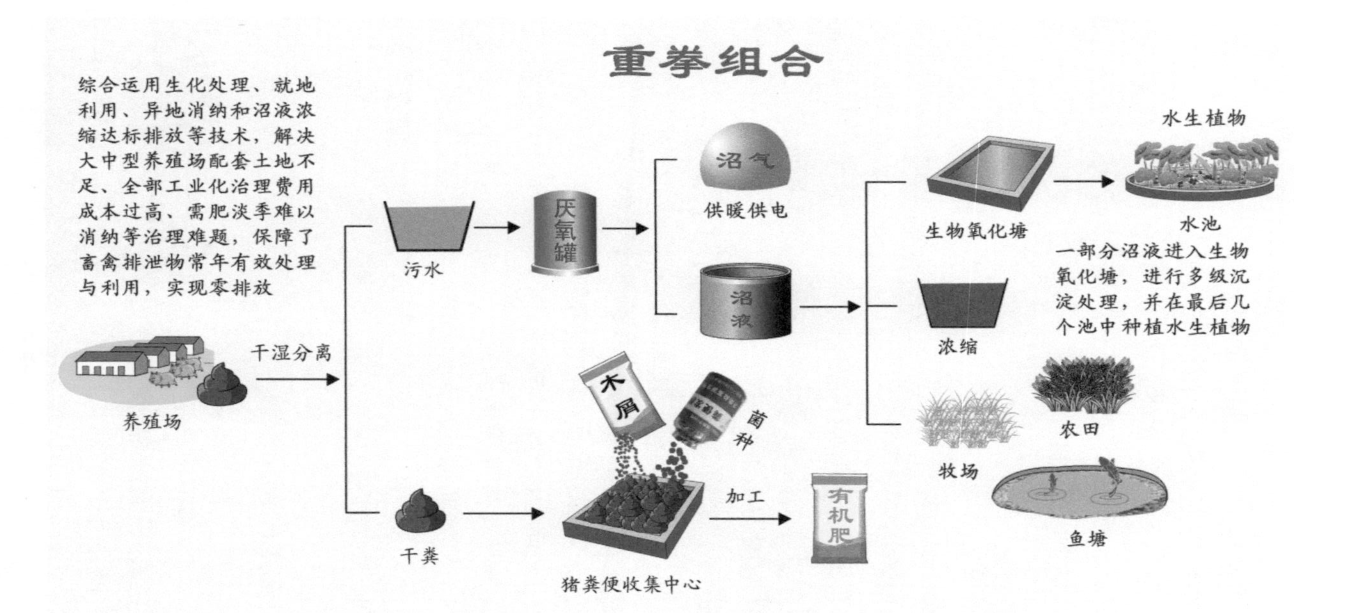
重拳组合
综合运用生化处理、就地利用、异地消纳和沼液浓缩达标排放等技术，解决大中型养殖场配套土地不足、全部工业化治理费用成本过高、需肥淡季难以消纳等治理难题，保障了畜禽排泄物常年有效处理与利用，实现零排放
养殖场
干湿分离
污水
厌氧罐
沼气
供暖供电
沼液
生物氧化塘
水生植物
水池
一部分沼液进入生物氧化塘，进行多级沉淀处理，并在最后几个池中种植水生植物
浓缩
农田
牧场
鱼塘
干粪
木屑
菌种
猪粪便收集中心
加工
有机肥

7. 水禽旱养

模式概要

水禽圈养和笼养的“水禽上岸”模式，减少了水禽对江河水流域的依赖和环境的污染，圈养产生的污水直接作为有机肥利用，实现了生产与生态共赢。

水禽上山突破了土地短缺瓶颈，扩大了水禽养殖区域，有利于农民增产增收。该模式比传统放养模式节省人力10～20倍，提高饲料转化率6%，但基础设施投资成本也有所提高。

模式内容

水禽圈养就是在苗木基地内建鸭舍，舍外设围栏、运动鸭滩和沐浴水围。每天抽取地下水注入水围，供蛋鸭嬉戏沐浴，使用后的污水进入沉淀池，再将其抽取到山顶的储液池，灌溉时经管网系统输送到苗木基地。该养殖模式要求在每个养殖场建立独立的活动场地，每平方米饲养蛋鸭7～8羽，每5000只蛋鸭配套建设1～2个深度为45厘米、面积为25～30平方米的水围，水围中的水每天冲洗更换1次，每周消毒1次。

而水禽笼养关键技术在于蛋鸭专用笼具设计、笼养条件下的饲料配方和饲养管理等。在蛋鸭笼养区建设标准化钢棚鸭舍，每座可饲养1万羽。每排鸭笼分为上中下三层，每两只鸭子住一个小“房间”，“鸭房”底下配蛋槽架。鸭舍中安装笼养鸭专用笼具、通风湿帘、屋顶自动通风帽、饲料自动投料机、自动饮水器、机械刮粪板等。蛋鸭笼养简化了饲养管理操作程序，通过增加自动化通风、饲喂、清粪设施设备，可大幅提高劳动效率。粪便污水经沼气工程无

害化处理后，一般建议就地、就近进行还田消纳处理。

在实际应用中也经常两种模式组合应用，如前期圈养，到 100 天左右的时候再把鸭子放进笼子。建议每 1 万只鸭配套 4.7 公顷土地作为消纳地。在消纳地的种植作物选择上，一般选择耐肥、回报率相对较高、回报周期相对较长的苗木，以弥补蛋鸭回报周期相对较短，回报率相对较低的缺陷。

模式成效

与传统放养模式相比，水禽旱养主要有以下明显优点：一是可大幅度提高劳动生产率。采用传统放养模式，每个劳动力只能饲养蛋鸭 250 羽左右；采用圈养模式，每个劳动力可以饲养蛋鸭 2500～3000 羽，笼养模式则可饲养 5000～7500 羽。二是可明显提高饲料利用率。采用旱养模式后，由于改造后降低了蛋鸭基础代谢的能量需要，可提高饲料转化率 6%左右，同时可改变传统养殖模式下的饲料浪费情况。三是可减少周边环境污染。传统放养模式长期放养后，容易对水库、河道等水体资源及周围环境产生污染，采用旱养模式后实现了污水的循环利用，减少环境污染。四是可显著提高经济效益。在节省人工成本、饲料成本的同时，改造后的旱养模式可明显减少用药成本。同时，经鸭粪施肥后的苗木可明显提高生长速度，每公顷苗木每年可产生 7.5 万元左右的经济效益，达到丰产丰收。五是可明显减小疫病传播危害。采用蛋鸭旱养模式后，由于饲养环境相对稳定，受外界环境条件变化的影响明显减少，有利于鸭群防疫和减少因放养引起的疫病交叉感染，明显减小疫病传播危害。

水禽旱养

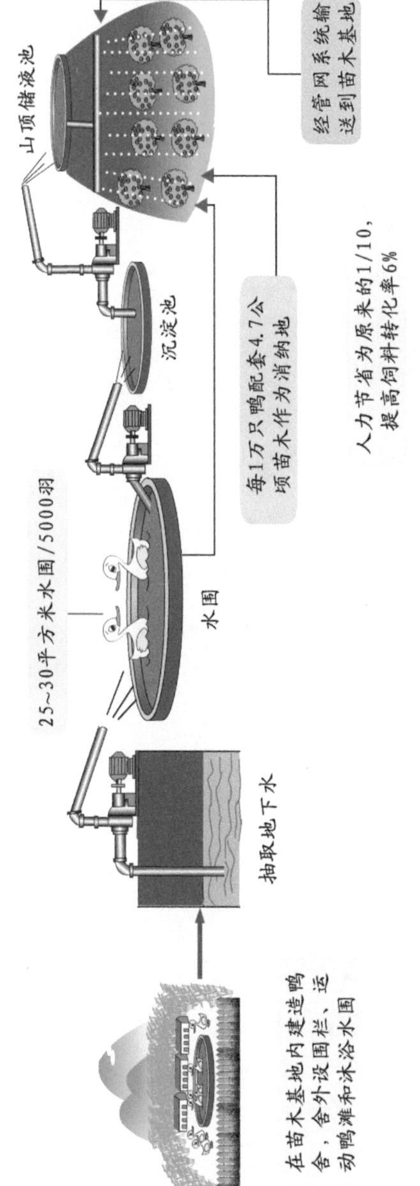

25~30平方米水围/5000羽
水围
沉淀池
山顶储液池
抽取地下水
每1万只鸭配套4.7公顷苗木作为消纳地
经管网系统输送到苗木基地
人力节省为原来的1/10，提高饲料转化率6%
在苗木基地内建造鸭舍，舍外设围栏、运动鸭滩和沐浴水围

水禽旱养

8. 一“区”两得

模式概要

浙江省台州市仙居县采取“以奖代补”政策，支持各行政村村委会通过村级集体资金投资，经村民代表大会集体选址，建设标准化畜牧生态养殖小区，建成后租赁给本村村民使用，既满足了农民的养殖需求，又实现了“人畜分离”、生态养殖。原则上一个村建1至3个农村畜牧生态养殖小区。

模式内容

为切实推进“人畜分离”工作，满足当地农民的养殖需求，仙居县出台“以奖代补”政策，支持建设畜牧生态养殖小区，建成后租赁给本村村民使用。同时，仙居县出台《仙居县农村畜牧生态养殖小区设计方案》，按建筑形式及养殖规模，农村养殖小区被分为单列单坡式、双列现代徽派式、双列传统徽派式三个形式，体现乡村特色。

(1)生态优先，循环利用。各村按照所在村环境、户数、现有养殖量确定养殖小区建设规模，选址于居住区的下风向或侧风向，优先选择园地、林地和未利用地，不占用或少占用耕地。养殖小区周边种植常绿树种或果树，栽建绿篱，与生活及自然区分隔，达到美化环境、净化空气、防护阻隔、防暑降温作用。小区内实行清洁化处理和粪污资源化利用，各村根据实际采取粪污与农牧结合，将粪便作有机肥施用，废水截污纳管，或建立栅格式沉淀池处理及配套建设沼气工程等方式，实现污水无害化处理和“零排放”；建立动物饲养、防疫消毒、污染防治等相关制度，落实专人负责，确保畜牧生态养殖小区生产安全，产品质量符合要求。

(2)多方联动，合理引导。在建设生态养殖小区过程中，仙居县专门抽调85名农业干部组建20支调研服务队，分别派驻20个乡镇，从技术层面指导和规范村畜牧生态养殖小区建设，引导分散饲养向规模养殖转变。现有养殖量较少的村，新建农村畜牧生态养殖小区养猪(羊)头数控制在村总户数的25%以内，养牛头数控制在村总户数的5%以内；栏舍面积按照每头猪4平方米，每头牛8平方米，每头羊2平方米的标准计算；通道等公用面积控制在栏舍面积的20%以内。

县农业局组织人员对各乡镇(街道)上报的农村畜牧生态养殖小区进行检查验收，并在县主要新闻媒体进行公示，接受社会监督。公示无异议的，县财政"以奖代补"给予支持。2014年度完成建设的农村畜牧生态养殖小区，所在村农户原栏舍完成拆除90%以上的，按栏舍占地面积(不包括排泄物处理设施、道路、绿化等面积)给予400元/平方米奖励，其中300元/平方米验收合格后，直接奖给村委会，100元/平方米则由所在乡镇(街道)根据各村畜牧生态养殖小区建筑形式、质量等因素，组织考核评比后，根据考核结果奖给村委会。

模式成效

实施人畜分离后，养殖小区内实现污水无害化处理和"零排放"。仙居县的溪水变清、栏舍变为花坛，过去的人畜混杂、污水满地景象得到彻底改变。目前全县已建成投产70余个养殖小区，计划建设260个。

一“区”两得

农村畜牧生态养殖小区由村级集体资金投资建设，建成后租赁给本村村民使用，实现人畜分离

2014年度完成建设的农村畜牧生态养殖小区，县财政预算给予村委会400元/平方米奖励

畜牧生态养殖小区

实施程序

各乡镇(街道)核算出各村应奖励的数据后，统一汇总上报县农业局

↓

县农业局在县主要新闻媒体进行公示

↓

县农业局会同县财政局将奖励资金下拨到各乡镇(街道)，由各乡镇(街道)兑付给各村委会

9. 移栏上山

模式概要

浙江省衢州市衢江区探索打破传统生猪养殖存在的“小规模、开放式、高密度、家庭型”发展瓶颈，在高家镇上溪村溪西自然村创立“村社联建、以股托养、配额流转、循环利用”机制，形成生猪“出村上山、生态养殖”模式，对传统养殖密集村污染整治与转型发展具有良好的导向作用，在稳定产业、提质增效、农民增收、美化环境方面发挥了示范带动作用。

2015 年，衢江区生猪存栏 17.2 万头，其中移栏出村上山的占 80%左右，新建和改扩建“移栏上山”项目 25 个。

模式内容

2010 年，衢江区人民政府在养猪专业村高家镇上溪村溪西自然村开展生猪“移栏上山”项目，建立了由农业局牵头、发改局负责立项、国土局负责用地审批、环保局负责环境评估、财政局负责资金落实等多部门联合现场踏勘、联合项目审批的联动机制。其具体做法为：

(1)村社联建。村集体和生猪养殖合作社建立联建联管机制，村委会组织土地流转、政策处理、村民关系协调，做好生猪标准化养殖小区的水、电、路、防疫、治污等公益性配套设施建设和管理，公共设施投入作为村集体固定资产，资金来源于区财政扶持奖励资金和村集体资金；生猪养殖专业合作社着重监管养殖户标准化猪舍建设，对养殖户进行规划、管理、品种、供料、防疫、处置、技术、销售的“八统一”经营管理。

(2)以股托养。生猪养殖合作社按照“八统一”管理模式，核算

出生猪饲养成本，并以头折股，折算收益。鼓励小规模养殖户（养殖能繁母猪5头以下的）将生猪入托，由规模较大的养殖户或生猪养殖专业合作社将其纳入服务范围进行“保姆式”代理托养。原小规模养殖户“不当员工、只当股东”，腾出更多的精力从事其他经营生产，促进农民多渠道增收。

（3）配额流转。根据全村现有生猪养殖量核定养殖小区养殖规模，达到总量控制目标。之后按小区饲养总容量和全村农户数折算户均允许饲养量，即饲养配额指标。从事其他种养业的农户可以将配额有偿转让给生猪养殖大户，以配额获取一定的收益，确保村民均等受益，尊重农民养殖权利。

（4）生态循环。按照生态消纳的治污模式，对生猪排泄物采取雨污分流、干湿分离、厌氧发酵、农牧结合的综合利用循环模式。按照存栏10头生猪至少配套1.5立方米的沼气工程，存栏225头生猪至少配套1公顷消纳地的标准，配套苗木、果园、农田等消纳地，同时种植大量牧草作为生猪饲料，实现畜禽排泄物资源化、生态化循环利用。

模式成效

“移栏上山”建设生态养殖小区，促进传统散养方式向良种化、设施化、规模化、生态化、标准化方向转变，通过“八统一”管理，每头母猪年育成商品猪提高了2.3头，饲料、兽药的价格下降10%，人工费下降30元/头，出栏1头商品猪降低养殖成本35元，折合每头母猪增加经济效益1030元，有效解决了养殖场（户）的出路问题，促进了农民持续增收，对“五水共治”和“生态家园”建设起到了积极推进作用。

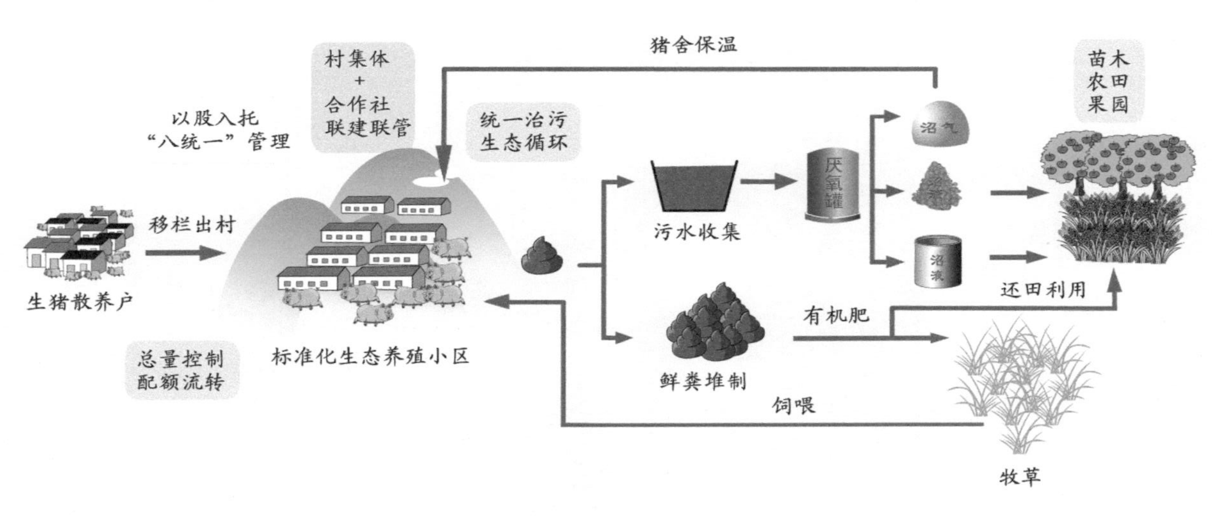
移栏上山
猪舍保温
村集体
+
合作社
联建联管
以股入托
“八统一”管理
统一治污
生态循环
苗木
农田
果园
沼气
厌氧罐
沼液
移栏出村
生猪散养户
污水收集
标准化生态养殖小区
总量控制
配额流转
鲜粪堆制
有机肥
还田利用
饲喂
牧草

10. “销销”结合

模式概要

根据测算，杭州市余杭区每年农药使用总量为2380吨左右，而废弃农药包装物乱丢乱弃产生二次污染问题，特别是对土壤和水源产生的污染，严重威胁生态环境和农产品质量安全，危及人们的身体健康。因此，余杭区每年投入300余万元，探索建立了“以各镇街为责任主体、相关部门协调监督、经营单位折价回收、农资公司集中存放运输、专业环保单位归集销毁”的废弃农药包装物回收处置办法，杜绝了废弃农药包装物乱丢乱弃现象，产生了较好的生态、社会效益。

模式内容

2009年，余杭区开展废弃农药包装物回收处置试点工作，之后在全区推广。经过五年的探索，形成了较为成熟的“以各镇街为责任主体、相关部门协调监督、经营单位折价回收、农资公司集中存放运输、专业环保机构归集销毁”的回收处置办法。至2014年，全区共回收各类农药瓶（袋）2657.16万件，销毁废弃农药包装物533.1吨，累计投入资金1075.12万元。

(1)建立领导小组。根据农药经营和使用现状，结合农药监管工作实际，区政府成立由区农业局、区环保局、各镇街等组成的区废弃农药包装物回收处置工作领导小组，负责指导、协调和监督工作。同时，总结废弃农药包装物回收中存在的问题，切实采取改进措施，推动工作开展。这一监管机制的建立，确保了回收处置体系的有效运行。

(2)出台补助政策。建立统一废弃农药包装物回收制度及价格标准；回收处置过程中产生的回收工时费（及保管费）、运输费（及存放保管费）分别按回收金额的25%予以补助，焚烧处置费按每吨2200元予以补助。奖励资金由区、镇（街道）按1∶1的比例分别承担。

（3）明确各自职责。回收、运输单位各自把关，分别与镇（街道）、各农资经营单位、环保处置单位签订协议，负责各网点回收的废弃农药包装物收集运输工作，定期送至有处理资质的环保单位集中销毁；各农资经营网点及其他回收点负责按规范回收销售或使用的农药包装物。

模式成效

余杭区开展的废弃农药包装物回收处置，在浙江省是首创，对环境保护有着重要意义。统一开展废弃农药包装物回收处置工作以来，成效极为显著：一是小投入换来大收益，平均每年300万元左右的财政支出，彻底改变了农业生产者随意丢弃废弃农药包装物的陋习，农户得到了实惠，田间地头、房前屋后废弃农药包装不见踪影，有效地切断了有毒残留物对农田土壤及水体的侵害，对改善农业生态环境、保障农产品质量安全产生积极意义，起到了财政资金“四两拨千斤”的作用；二是体系有效运转，至2014年，全区累计回收各类农药瓶（袋）2657.16万件，销毁废弃农药包装物533.1吨，累计投入资金1075.12万元，实现了各类包装物回收率80%以上、回收的包装物无害化处理率100%的目标。

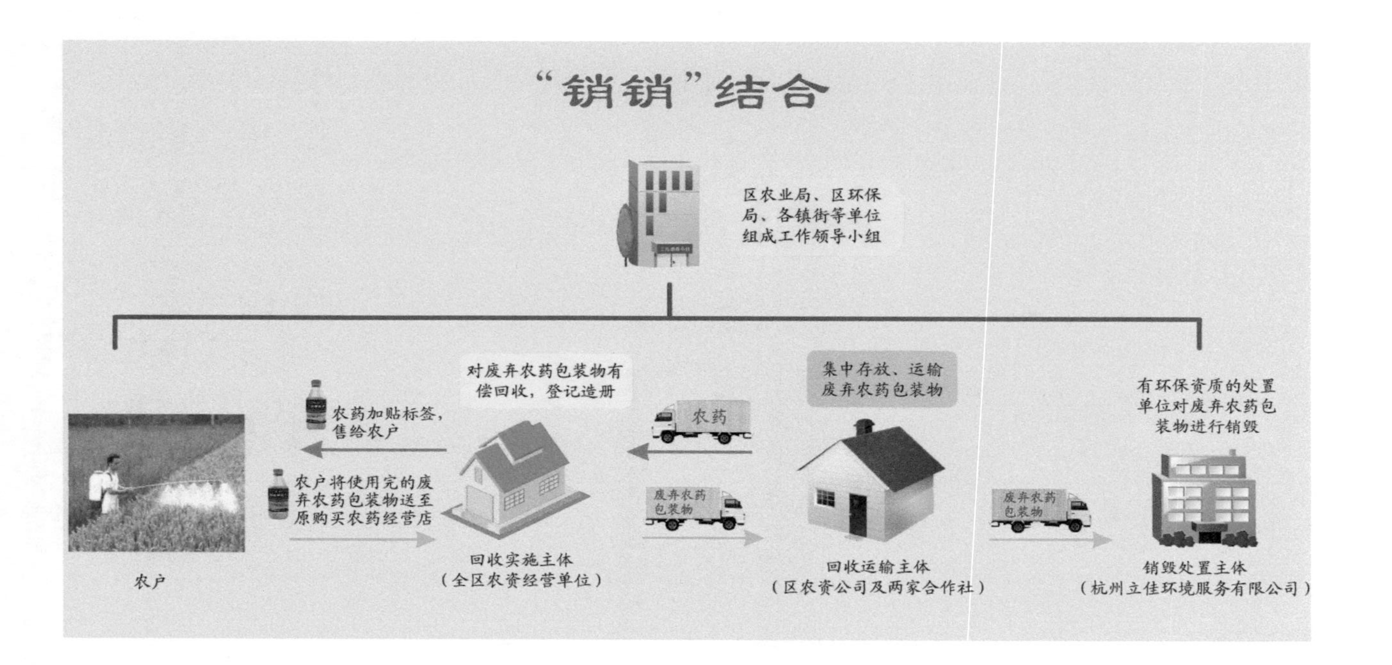
"销销"结合
区农业局、区环保局、各镇街等单位组成工作领导小组
农户
农药加贴标签，售给农户
农户将使用完的废弃农药包装物送至原购买农药经营店
对废弃农药包装物有偿回收，登记造册
回收实施主体
（全区农资经营单位）
农药
废弃农药包装物
集中存放、运输废弃农药包装物
回收运输主体
（区农资公司及两家合作社）
废弃农药包装物
有环保资质的处置单位对废弃农药包装物进行销毁
销毁处置主体
（杭州立佳环境服务有限公司）

11. 主体回收

模式概要

浙江省宁波市鄞州区为杜绝农田白色污染，专门制订《鄞州区农资包装废弃物统一回收和集中无害化处理实施方案》，成立领导小组，按照乡镇(街道)属地负责原则，建立"规模场(户)自行收集和散户村保洁员收集、送交镇乡收集点、营运单位运至有环保资质单位处置"的农资包装废弃物统一回收集中处置模式。通过两年的努力，已实现规模种养场(户)农资包装废弃物回收率100%，回收的农资包装废弃物无害化处理率100%。

模式内容

农药、化肥、农膜作为农业生产的基本生产资料，在有效防控病虫危害、提高农业复种指数、实现农业生产丰收中发挥着重要作用。单位面积农药、化肥使用频度居高难下，农药、化肥的包装废弃物、废弃农膜经年累月越来越多，不易降解，已成为主要的农业面源污染源之一，对农业生态环境、农产品质量安全和人民身体健康形成了一定威胁，引起了各方的高度关切。鄞州区人民政府在试点基础上，出台了《鄞州区农资包装废弃物统一回收和集中无害化处理实施方案》《鄞州区农资包装废弃物统一回收和集中无害化处置工作职责、工作流程》《鄞州区农资包装废弃物统一回收和集中无害化处置工作考核办法》等政策，形成农资包装废弃物"统一回收、集中处置"的模式。

主体回收

(1)回收处置对象。回收处置对象包括鄞州区范围内农林牧渔生产产生的，丧失原有利用价值或虽未丧失利用价值却被抛弃

或遗弃的，对土壤、水体、大气可产生有害影响的农药、化肥、兽（渔）药、农膜、抛秧盘等农资包装物（包括瓶、桶、罐、袋、膜等）。

（2）回收处置环节。在全区 20 个乡镇（街道）建立农资包装废弃物集中回收点，并配备 1～2 名专职管理人员；在镇级以上现代农业园区、粮食功能区、专业合作社、农业龙头企业、6.6 公顷以上规模承包大户、生猪存栏 500 头以上规模畜禽养殖场户和“三品一标”基地设置统一标识的农资包装废弃物回收箱；在行政村建立农资包装废弃物收集员队伍，对辖区内农、林、牧、渔业生产产生的农药、化肥、兽（渔）药、农膜、抛秧盘等农资包装物进行统一回收；确定有处理资质的固废处置企业对全区农资包装废弃物实施收运和集中无害化处置。

（3）配套政策保障。实行镇村农资包装物收集工作绩效与基本农田保护激励资金补助挂钩、与农业扶持政策挂钩、与各类认证先进荣誉等挂钩制度；区财政对农资包装废弃物集中收集点建设与运营、农资包装废弃物收集箱设置、无害化处置及管理等经费进行补助；制定考核评价细则，将其列入对镇乡（街道）生态目标责任制和现代农业考核的内容。

模式成效

通过努力，鄞州区规模种养殖场（户）农资包装废弃物回收率已达到 100%，回收的农资包装废弃物无害化处理率达到 100%。

主体回收

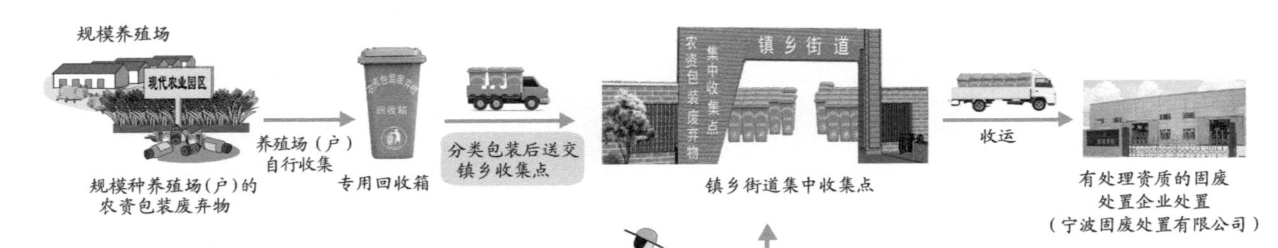
规模养殖场
现代农业园区
养殖场（户）
自行收集
规模种养殖场(户)的
农资包装废弃物
回收箱
专用回收箱
分类包装后送交
镇乡收集点
农资包装废弃物
集中收集点
镇乡街道
镇乡街道集中收集点
收运
有处理资质的固废
处置企业处置
（宁波固废处置有限公司）
散户、田间、村落的农
资包装废弃物
村保洁员
在全区20个镇乡（街道）
建立农资包装废弃物集中
回收点，并配备 1~2名专
职管理员

减量篇

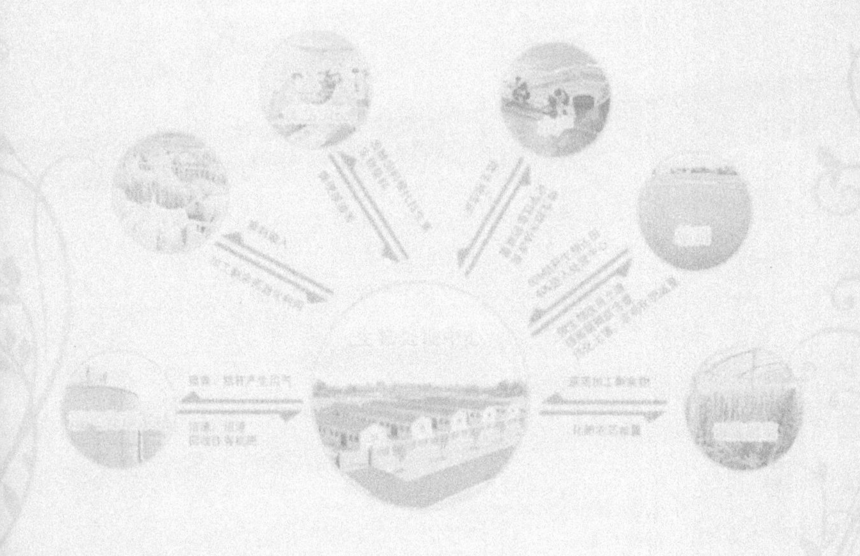

12. 统防统治

模式概要

为有效克服农作物病虫防治一家一户分散作业费药费时等弊端，杭州市萧山区按照“政府扶持、部门引导、农民自主、市场运作”的原则，于2007年扶持组建植保防治服务专业合作社。合作社以区植保站为技术依托在各乡镇(街道)设立20个合作分社(防治作业队)，分片开展以“统一防治时间、统一防治农药、统一防治技术”为主要内容的专业化统防统治服务，取得了明显的社会效益、生态效益和经济效益。

模式内容

(1)技术为先，持证作业。合作社以萧山区植保站为技术依托，组建技术服务小组，以更好地管理、指导各作业队开展水稻病虫统防统治工作，并为农户提供技术咨询。技术部配有技术人员12名、服务专车2辆；服务小组招聘农业高校相关专业毕业生，开展统防统治技术服务。技术服务小组的主要工作内容包括：为各作业队、农户提供植保技术咨询和服务，定期开展水稻病虫药前、药后田间调查，确认各作业服务队的防治方案，检验各作业服务队的防治效果，监督指导各作业服务队的作业服务，全面监管合作社各作业服务队的运作情况。各作业服务队的作业人员经过合作社培训合格后，方可持证上岗作业。

(2)分区负责，分片作业。为提高合作社整体服务和持续发展能力，合作社创建合作分社20家，聘用分社植保员20名。在全区各个乡镇、街道组织建立防治作业服务队，由防治作业服务队负责

实施所辖区域内的水稻病虫专业化统防统治服务工作。合作社对各防治作业服务队实行统一管理，并提供政策和技术上的支持。各防治作业服务队经济独立、自主经营、自负盈亏，作业队负责人由当地种粮大户、村委会干部或农药肥料经销商等人员担任，由负责人在当地挑选符合条件的作业人员组成作业队。

(3)协议管理，规范操作。各防治作业服务队在开展服务前，与参加统防统治的农户签订《萧山区水稻病虫统防统治服务协议》，填写服务档案，明确双方权利和义务，并向农户预收一定金额的农药费用及防治工本费，在水稻病虫防治结束后，按实际费用与农户结算。合作社也与各防治作业服务队签订《萧山区水稻病虫统防统治规范操作协议书》，明确双方权利和义务，规范各防治作业服务队的统防统治作业服务。

模式成效

统防统治的推进取得了显著成效：①提高防治效果，有效控制了病虫危害；②减少农药用量，降低了防治成本。2007—2013 年累计服务农户 60703 户，水稻统防统治面积 2.2 万余公顷。单季稻防治次数平均减少 1.33～2.68 次，降幅 27.65％～49.06％；每公顷农药成本平均降低 216～962.4 元，降幅 17.16％～72.01％；每公顷施药工本平均降低 745.2～1050 元，施药工本降低为原先的 1/2，甚至更低；每公顷农药成本合计平均节约 977～1771 元，降幅 44.86％～89.12％；③保障生态安全，改善了环境质量；④提高防治效率，解放了农村劳动力；⑤由于统防统治工作成效明显，在农民群众中影响日益增强，服务面积逐年扩大。

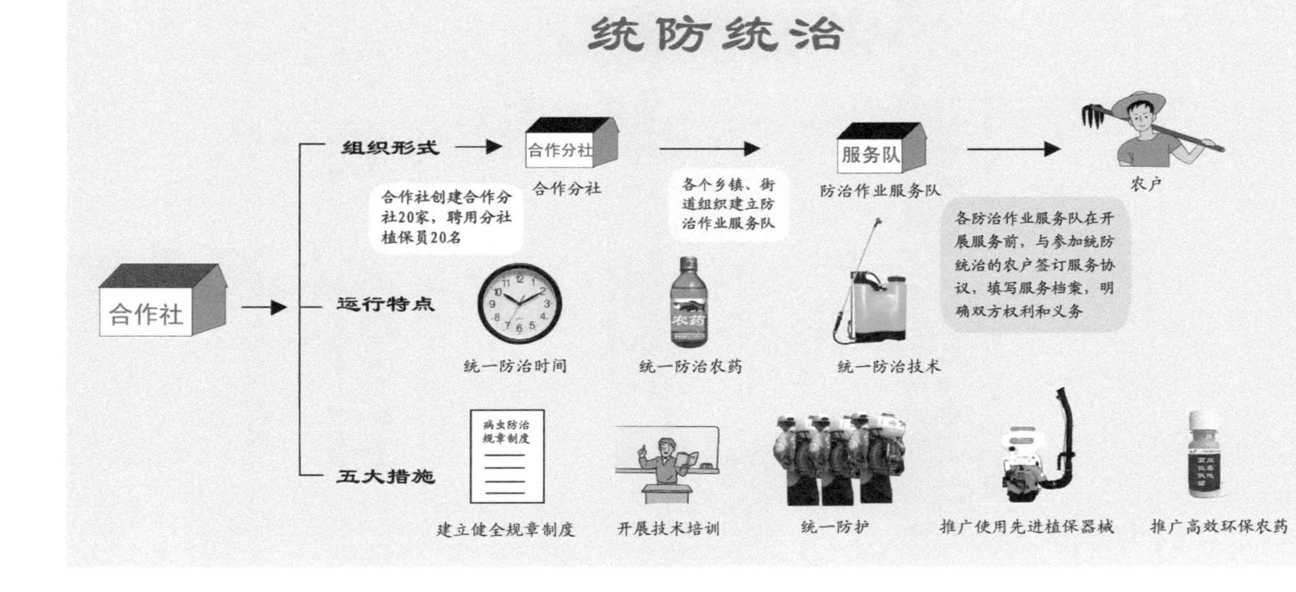
统防统治
合作社
组织形式
合作分社
合作分社
合作社创建合作分社20家，聘用分社植保员20名
各个乡镇、街道组织建立防治作业服务队
服务队
防治作业服务队
农户
各防治作业服务队在开展服务前，与参加统防统治的农户签订服务协议，填写服务档案，明确双方权利和义务
运行特点
统一防治时间
农药
统一防治农药
统一防治技术
五大措施
病虫防治规章制度
建立健全规章制度
开展技术培训
统一防护
推广使用先进植保器械
推广高效环保农药

13.“五步”减药

模式概要

浙江省台州市天台县实施政策与技术双管齐下，全面推进农药减量控害技术，五措并举构建农药减量体系，以病虫害预测预报为基础，全面取缔违禁农药，大力推广高效低毒农药、绿色防控技术、病虫害统防统治等技术措施，减少化学农药用量，推进农业水环境治理，保障农产品质量安全。

模式内容

(1)政策扶持。县政府专门出台现代病虫害绿色防控和平台建设奖励扶持办法。县地方财政对集中连片农田应用杀虫灯、性诱剂、黄板等绿色防控设施面积达 20 公顷以上的，给予每公顷 1800 元补助；对应用防虫网 0.3 公顷以上的，给予每公顷 4500 元补助；杨梅产区对应用防虫罩 100 只以上的，给予每只 150 元补助；新建农作物病虫害测报点的，给予每个 3 万元补助；对农作物病虫害统防统治服务组织成绩突出的，给予 1 万元奖励。

(2)构建体系。推出五大举措构建农药减量体系：一是产前源头管控，取缔违禁农药。出台《关于规范禁限用高毒农药销售和使用的通告》，在省内率先要求高毒高残留限用农药全面下柜封存退市，由县农资批发企业进行统一回收、清退处理。同时，推行农资连锁经营，实行统一进货、统一价格、统一核算、统一服务。二是加强预测预报。建立以县农作物病虫害预警与控制区域站为中心，与 5 个乡镇病虫害测报点相配套的病虫害测报网络，准确掌握病虫害发生动态，及时发布病虫害情报，并将病虫害情报直寄至各村、种粮大户和农药经营点，为防控工作提供情报信息指导。三是推广替代农药。发布《水稻病虫害统防统治用药方案》，结合病虫害测报信息，指导推广应用高效低毒低残留环境友好型农药。四是实施绿色防控。按照示范基地率先推广应用，现代农业园区内全覆盖的要求，推广应用太阳能杀虫灯、性诱剂、色板、防虫网和水旱轮作、稻鸭共育等物理、农业、生物防治技术。五是组织统防统治。全县46家植保服务组织开展农作物病虫害统防统治服务，共拥有担架式大型喷雾器406台、背负式喷雾器563台。

模式成效

该模式可以有效解决多年来单一在技术层面推广农药减量举措的困局，并形成全领域、全县境系统推广的崭新局面。2013年全县对新增绿色防控设施的投入达300万元，安装杀虫灯2000余盏，应用绿色防控设施面积2000公顷。2013—2014年，全县农药销量下降了1460吨，实施统防统治面积3733公顷，统防统治区域内单季稻每公顷用药量（折纯100%）比农户自治区域减少5104克，每公顷防治成本降低1461元（农药成本985.5元+工本475.5元），比农户自治区域增产345千克，合计每公顷节本增效2404.5元。

尤其值得关注的是，2014年对全县农产品进行的多次质量抽检结果显示，农残合格率达到99%。

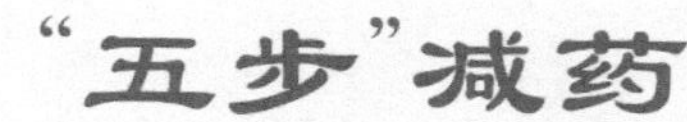

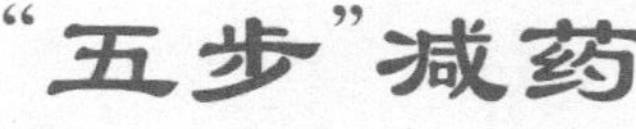

“五步”减药
五大防控措施
取缔违禁农药
呋喃丹
敌敌畏
对高毒高残留限用农药进行全面下柜封存退市处理，由县农资批发企业统一回收、清退
病虫预测预报
病虫预测预报
病虫预报
以县农作物病虫害预警与控制区域站为中心，准确掌握病虫害发生动态，及时发布病虫害情报
推广低毒农药
低毒农药
生物农药
结合病虫害测报信息，指导推广应用高效低毒低残留环境友好农药
实施绿色防控
推广应用太阳能杀虫灯、性诱剂、色板、防虫网和水旱轮作、稻鸭共育等物理、农业、生物防治技术
组织统防统治
全县46家植保服务组织开展农作物病虫害统防统治，服务面积达3733公顷

14.“六字”减药

模式概要

2003年开始，浙江省衢州市柯城区栽培的1.1万公顷椪柑通过实施“剪、肥、耕、疏、诱、治”绿色防控技术“六字诀”，减少了病虫害传播媒介，降低了病虫害发生概率，禁止违禁高毒高残留农药使用，推广施用有机肥，柑橘园生态系统得到明显改善，实现了生态效益、经济效益与社会效益的共赢。

模式内容

从2003年开始，柯城区1.1万公顷椪柑生产全程采用绿色防控技术，以农业防治为基础，综合运用物理防治和生物防治措施，创造不利于病虫害发生但有利于各类天敌繁衍的环境条件，增进生物多样性，保持柑橘园区内生态平衡，减少各类病虫害所造成的损失。

(1)“剪”。修剪枯枝病叶，既减少了病原载体，又营造出通风透光的树体结构，可促进柑橘生长，减少介壳虫、粉虱等喜阴害虫滋生，降低长白蚧、红蜡蚧等树冠顶端害虫发生基数，切断疮痂病、溃疡病从老病叶、老病枝向新梢、幼果的传播途径。

(2)“肥”。成年柑橘树每年施肥1～2次，一般在春末、秋初两个时间段，每公顷施用商品有机肥2250千克、高浓度复合肥1500千克、尿素112.5千克，补充微肥(微量元素肥料)和叶面营养液，避免单施氮肥，适度控制柑橘新梢生长速度，以缩短疮痂病、溃疡病感染期，减轻蚜虫、柑橘木虱、红蜘蛛、凤蝶、潜叶蛾等病虫危害。

(3)“耕”。在冬季霜雪来临前，浅耕园土15厘米左右，以增加害虫虫蛹的机械伤亡、蛹体暴露被天敌取食或因蛹体位置变动不

适于生存的死亡，以压低土壤害虫越冬基数；同时提倡柑橘园套种紫云英、蚕豌豆等豆科植物，其既可用作绿肥，又能利用生态多样性和物种多样性原理，改善果园小气候，创造有利于捕食螨虫的天敌生存、栖息、繁衍的柑橘园生态环境；春末夏初高温干旱来临前，中耕将绿肥翻入土壤，既达到改良土壤、培肥土壤目的，又能恶化红蜘蛛越夏环境。

(4)"疏"。根据树体目标产量，及早采摘"三果"，即先疏疮痂病病果、黑点病重症果、产卵迹象明显的青果（晒干加工成中药）；同时随时摘除被幼虫蛀害的未熟黄果，捡拾清理落在树冠下的虫果，将其放入挖好的坑里，撒上一层石灰，并用土盖上灭虫，或用刀剖开，或用脚将虫果踏烂后，再弃于粪坑中泡杀幼虫，效果较好，还可作肥料。

(5)"诱"。悬挂黄板、杀虫灯进行诱杀，降低蚜虫、粉虱、山东广翅蜡蝉、蓟马、金龟子、卷叶蛾、星天牛、尺蠖、吸果夜蛾等害虫的危害。

(6)"治"。首选99%矿物油防治蚧、螨危害；只有当锈壁虱、介壳虫、枸橘潜叶甲等害虫大量发生时，才考虑使用化学药剂，并注意与喷淋油配合使用，以保护捕食螨、寄生蜂、寄生菌等有益生物；推广使用低毒低残留生物性农药，严格禁止使用甲胺磷、氧化乐果、一六〇五、呋喃丹、水胺硫磷、三氯杀螨醇、久效磷、甲拌磷等高毒高残留农药，严格执行农药安全间隔期规范，最后一次喷药时间严格控制在采果前45天以上，以保障果品质量安全。

模式成效

10年来，柯城区柑橘主产区年平均喷药次数从最初的4.67次减少到现在的2次，每公顷土地用药量从42780克减少到21750克，每公顷节本约4800元，柑橘园生态系统明显改善，不仅保持了生物多样性，还大大降低了病虫害暴发概率。

“六字”减药

六大绿色防控措施

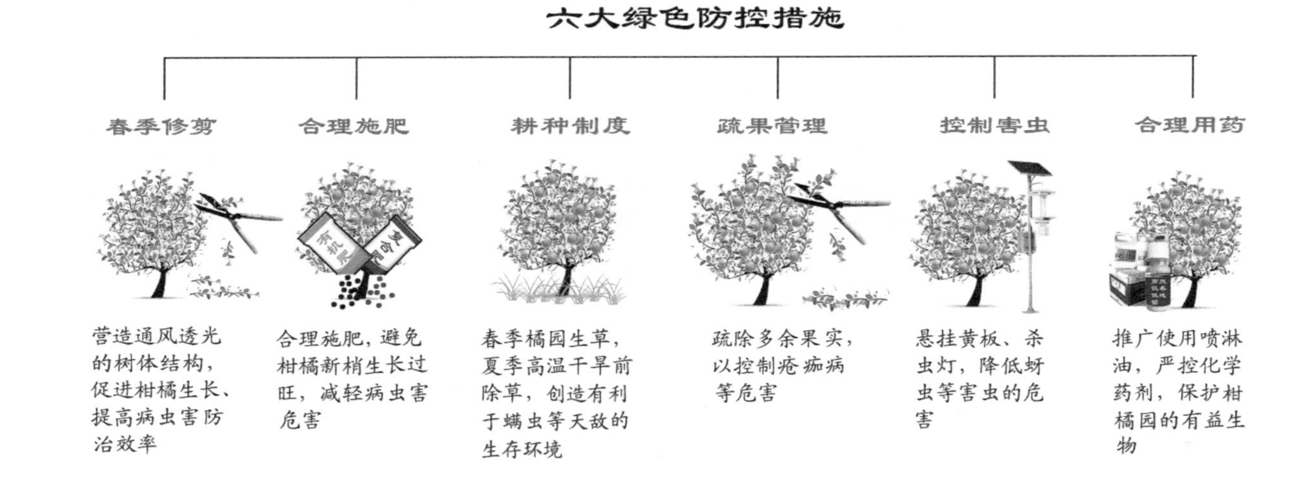

15."连环"减药

模式概要

该模式从品种选用、设施诱杀到天敌保育、田间管理，共九方面"连环"，采用绿色防控技术，改善稻田生态系统，提高自然生态控害作用，既有效破解了稻田病虫害频繁发生的难题，保障了粮食生产与质量安全，又切实减少了农业面源污染。

模式内容

水稻病虫害绿色防控技术，包含九个环节。

(1)品种选用。选用米质优、抗性好的水稻品种为主推品种，如赣晚籼、甬优9号等，从稻株本身抗病能力上减少用药概率。

(2)寄主诱杀。在稻田边种植诱虫植物香根草，利用其对二化螟和大螟的诱集作用进行诱杀。香根草种植半年就能形成致密的生物绿篱，能有效拦截地表径流和泥沙，可使土壤pH提高，土壤有机质、全氮、钾含量提高，总孔隙度增加；还能改善农田小气候，促进作物增产；尤其重要的是香根草对二化螟和大螟具有诱集作用，适合用作诱杀媒介，而且香根草不会与水稻争水争肥。

(3)性诱剂诱杀。在水稻种植区域内按外密内疏的布局，每公顷放性诱捕器45个，在害虫成虫期连片诱杀。使用性诱剂诱杀稻纵卷叶螟等害虫的成虫，是农作物病虫害绿色防控技术之一，其通过带有昆虫性诱信息素即诱芯连续不断地释放出一种能吸引同种雄蛾寻求交配的化学物质，持续诱杀雄蛾，降低田间雄蛾数量，使得雌虫失去交配机会，减少受精卵数，从源头上控制稻纵卷叶螟危害，减少用药次数和用药剂量。

(4)灯光诱杀。利用昆虫的趋光特性，选用对害虫有极强引诱作用的光与波，灯外配以对人畜无害的高压电网，将害虫诱至灯下被高压电网触杀。每公顷安装一盏杀虫灯，棋盘式连片布局，在害虫成虫期开灯诱杀。

(5)天敌保育。采用生物多样性调节和保护技术，采用水田边留草、冬季种植绿肥、田块间插花种植茭白等措施，为害虫的天敌提供替代寄主、食料和庇护所，促进天敌种群的稳定增长；在田埂按一定的时间间隔分批种植芝麻，田块间插花种植芝麻，田边留草花和撒种草花，保育害虫的主要天敌寄生蜂。

(6)水肥管理。增施有机肥，减少氮肥使用量，增加钾肥施用比例，提倡水稻"三控"施肥技术，控制总氮量和基蘖肥施氮量，提高氮肥利用率，有效控制无效分蘖和最高苗数。

(7)灌水杀蛹。利用农业技术综合措施，调整、改善水稻的生长环境，减少病虫害发生基数。冬闲田春季及时翻耕灌水灭蛹，春作收获后及时翻犁灌水泡田，以降低虫源基数，减轻病虫危害。

(8)人工释放寄生蜂。二化螟蛾高峰期和稻纵卷叶螟迁入高峰期开始人工释放稻螟赤眼蜂，每代放蜂 2～3 次，间隔 3～5 天。

(9)调整害虫防治指标。适当放宽害虫防治指标，调整病虫害防治策略，在水稻生长前期不用或慎用农药，在病虫害暴发时，优先选用高效低毒低残留、对天敌安全的农药进行干预，控制害虫种群数量在低位运行。

模式成效

推广绿色防控技术，防治策略由单纯的化学防治转为化学与生物防治、物理防治相结合，转变了农户的防治观念，减少化学农药施用次数 2～3 次，减少化学农药使用量 85%，病虫损失率控制在 5%以内，年节本增收超过 30 万元。同时，区域农田内害虫的捕食性天敌和寄生性天敌增加 10～100 倍，稻田区域生物多样性得到了恢复和重建，达到了有效控制害虫，减轻环境污染，保证稻米质量安全的目的，社会、生态和经济效益显著，示范区再现"稻花香里说丰年，听取蛙声一片"的意境。

“连环”减药

水稻病虫害绿色防控措施

品种先用	寄主诱杀	化学诱杀	灯光诱杀	天敌保育	种植芝麻	水肥管理	灌水杀蛹	人工释放寄生峰	调整害虫防治指标
筛选米质优、抗性好的水稻品种	在稻田边种植诱虫植物香根草	在害虫成虫期连片设置诱杀	在害虫成虫期开灯诱杀	水田边留草、种植绿肥等措施，为害虫的天敌提供食料和庇护所	田块间插花种植芝麻，保育害虫的主要天敌寄生蜂	增施有机肥，减少氮肥的使用	采用灌水杀蛹等农业措施，减少病虫害的发生	人工释放寄生蜂，有效控制水稻螟虫	优先选用高效低毒低残留、对害虫的天敌安全的农药

16. 精准施肥

模式概要

杭州市富阳区以测土配方施肥为基础，利用先进的信息技术和网络技术，建立县域专家施肥咨询系统，按照精准化理念推广配方肥和水肥一体化设施，使肥料投入比常规施肥减少5%，肥料利用率由原来的20%～35%提高到40%～80%。

模式内容

精准施肥是测土配方施肥技术的精华，其关键技术包括：测土，基于施肥区域的土壤养分空间变异规律，实现土壤养分测试和作物营养诊断的精准；配方，确定适宜的施肥模型，实现施肥决策的合理；施肥，采用合理的施肥方式，实现肥料用量的精准化。即依据土壤养分状况、作物需肥规律和目标产量，调节施肥用量、养分配比和施肥时期，最终达到化肥利用率提高、土地资源得到最大限度利用、以合理的肥料投入量获取最高产量和最大经济效益、保护农业生态环境和自然资源的目的。

富阳区自2006年开始实施测土配方施肥技术项目以来，累计推广面积39.37万公顷，通过取土分析、改良肥料配方、改进施肥技术、调整施肥结构、优化肥料品种、推广秸秆还田技术、推广冬绿肥种植、研制推广各类作物专用配方肥等措施，应用各类配方肥7.95万吨（折纯），减少化肥用量1.252万吨（折纯），相当于节约燃煤1.88万吨，减少二氧化碳排放3.94万吨，累计节本增收约2.6亿元。

通过施肥指标体系与专家咨询系统建设，实现在每一个操作单元上因土因作物全面平衡施肥。富阳区的东魁杨梅专业合作

社,从原先养分比为 15∶15∶15 的普通复混肥调整为养分比为 10∶5∶25 的杨梅专用配方肥,富阳江藤生态农业开发有限公司在 13 公顷葡萄基地应用水肥一体化技术。

模式成效

(1)用肥精准化程度提升。在施肥总量不变的情况下,总养分下调了 5 个百分点,单一磷养分下调了 10 个百分点,下调幅度分别为 11%、67%。同时针对杨梅需钾量大的特点,养分钾上调了 10 个百分点。应用杨梅配方肥,杨梅果实糖度最高可达到 13.5%,比农民习惯施肥提高 1.5 个百分点,果品售价比一般农户每千克高出 10 元。

(2)施肥设施化程度提高。2013—2014 年平均施用商品有机肥 15000 千克/公顷和 750 千克/公顷高浓度的配方肥作基肥,追肥用含腐植酸水溶肥 975 升/公顷(分四次用),折合成养分总量为 1305 千克/公顷,同比节省纯养分 697.5 千克,节省肥料率为 34.83%,节省肥料成本 3487.5 元。2013 年每公顷增产 3075 千克,增产率为 25.63%;以每千克 10 元计,每公顷产值增加 3.075 万元;每公顷减少施肥成本 30 工,以每工 150 元计,每公顷省工 4500 元,合计每公顷减量增效 3.874 万元。

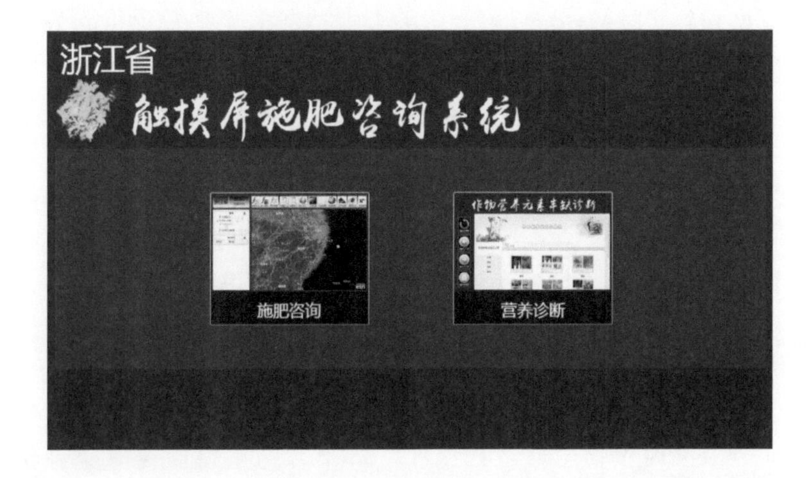

精准施肥

因土因作物全面平衡施肥

肥料用量精准化

施肥方式先进化

应用水肥一体化技术，提高肥料利用率

利用先进的信息技术和网络技术

测土配方施肥专家咨询系统

取土

17. 生物供氮

模式概要

浙江省衢州市衢江区在省级现代农业园区招海葡萄专业合作社建立了46公顷的葡萄园套种绿肥蚕豆化肥减量增效示范方。利用当年10月至翌年2月间长达5个月的葡萄休眠期，在葡萄园套种蚕豆，可增加鲜豆荚、鲜豆秆两项产出，做到土地利用率提高、经济效益提升、土壤质地改良，一举三得。

模式内容

蚕豆，又名胡豆、佛豆，为粮食、蔬菜、饲料和绿肥兼用作物。蚕豆对土壤的适应性较广，对土壤质地的要求较低。由于豆科植物特有的根瘤菌的固氮能力极强，据相关研究表明，每公顷蚕豆可固定空气中的氮素达50千克，为维持套种的蚕豆正常生长，仅需提供磷、钾肥即可，又因葡萄园内施肥普遍偏重，葡萄园土壤中富余养分较多，套种蚕豆几乎不用施肥。在葡萄休眠期内，每垄葡萄两侧各套种一行“日本大白皮”“慈溪大白蚕”等高产优质大粒蚕豆。当蚕豆开花结荚后，剪除植株顶端5～10厘米，可集中堆放在葡萄植株根部；采收1～2批鲜豆荚作为鲜食蔬菜销售后，拔除植株，可打碎后堆置在葡萄根部也可开沟翻入土壤中，由于蚕豆秸秆中空、多汁，易腐烂分解，是优质绿肥，对增加葡萄园土壤有机质、促进土壤质地改良十分有利，从而为葡萄生长提供良好的土壤基础。

模式成效

每公顷葡萄园可收获鲜食蚕豆荚7000多千克，仅此项就可增收 20000 多元；鲜豆秆开沟翻耕压入土壤中，是一种优质绿肥，其既能充分利用蚕豆固定的氮素，又能将蚕豆生长过程中吸收的土壤中多余的养分以有机养分的形式返回土壤，减少了在葡萄休眠期内土壤养分的流失，降低了水体富营养化等各种潜在的环境污染风险。据分析研究，鲜豆秆平均含氮 0.368%、五氧化二磷 0.055%、氧化钾 0.365%，按每公顷蚕豆产出鲜秸秆约 13000 千克计算，相当于每公顷葡萄园可少施尿素 102 千克、过磷酸钙 6 千克、硫酸钾 79 千克，化肥减量效应十分显著；同时，蚕豆秸秆还田还能促使土壤有机质含量提高，理化性状得到改良，葡萄的商品性亦能得到改善，葡萄色泽更加光亮，皮薄肉嫩，粒大味美，每千克单价可提高 0.5 元左右，每公顷可增收 3300 元。

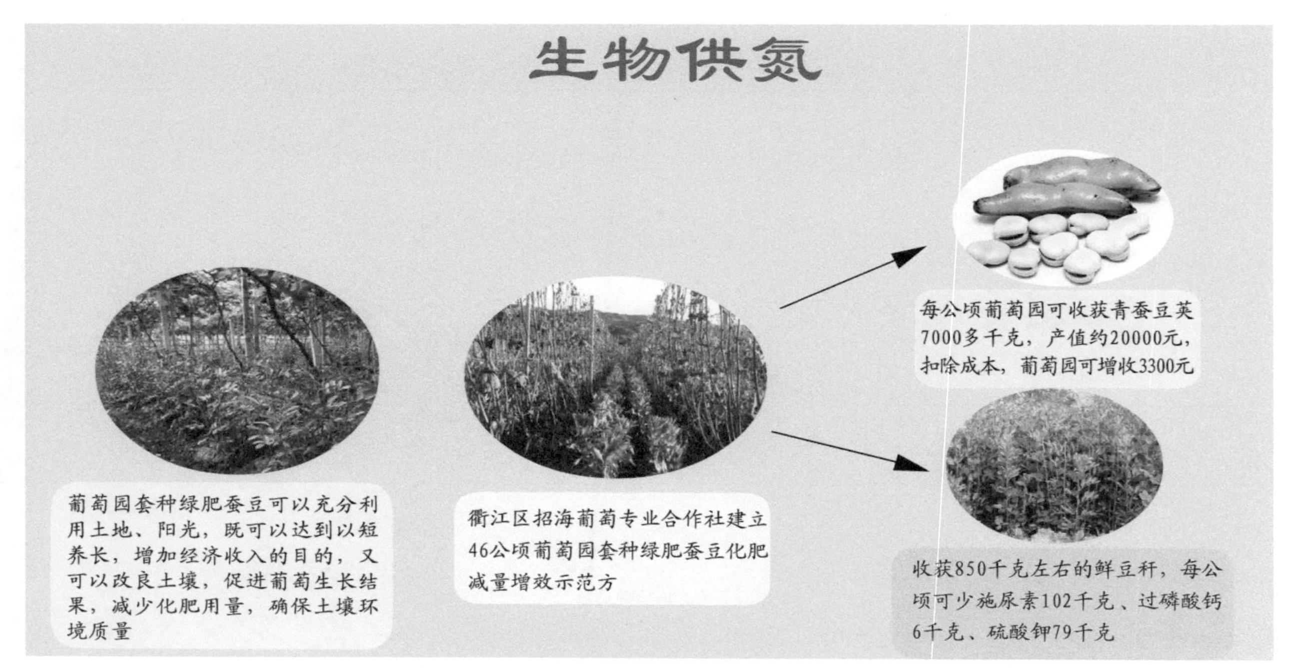
生物供氮
葡萄园套种绿肥蚕豆可以充分利用土地、阳光，既可以达到以短养长，增加经济收入的目的，又可以改良土壤，促进葡萄生长结果，减少化肥用量，确保土壤环境质量
衢江区招海葡萄专业合作社建立46公顷葡萄园套种绿肥蚕豆化肥减量增效示范方
每公顷葡萄园可收获青蚕豆荚7000多千克，产值约20000元，扣除成本，葡萄园可增收3300元
收获850千克左右的鲜豆秆，每公顷可少施尿素102千克、过磷酸钙6千克、硫酸钾79千克

18. 有机替代

模式概要

土壤养分直接影响茶叶的产量与品质，施肥是提高茶叶产量与品质的重要措施，浙江省湖州市安吉县根据茶园土壤养分情况与理化性状分析结果，采取有机肥与化肥配合施用，以饼肥、秸秆粉碎沤肥、商品有机肥中的有机养分替代部分化肥，既做到化肥减量，又能培肥土壤，促进土壤有机质含量提高、团粒结构改良，还能提升茶叶品质。

模式内容

被时任浙江省委书记习近平称赞为“一片叶子富了一方人”的安吉白茶，是一种珍罕的变异茶种，叶肉玉白，叶脉翠绿，属于“低温敏感型”茶叶，是“浙江十大名茶”之一，以氨基酸（高于普通绿茶2倍）等有益物质含量高、品质好而著名。

安吉生态环境优越，茶园突破传统种植模式，在全县范围内逐步构建起标准化、生态化的茶园种植及管理模式。通过普及测土配方施肥技术，实现科学施肥水平稳步提升；通过增施有机肥，促成有机养分替代部分化肥，减少了化肥用量，尤其是氮肥、磷肥的投入。为做到准确测量，安吉县还建立了长期施肥监测点和有机无机混合施肥示范区。

茶叶以早春茶为贵，为了从施肥角度提高茶叶产值、品质，安吉县茶叶施肥专家系统建议：每年的二、三月往往气温不高，茶芽萌发数少，先将未经发酵处理的饼肥、畜禽粪便、谷壳等有机物料平铺在茶园沟底，厚度3厘米以上，其上撒施氮肥、钾肥等（用量以氮、氧化钾计约150千克/公顷)，再覆以腐熟的有机肥和适量泥土，未经发酵处理的有机物料遇水就发酵，同时释放热量，有机物料发酵产生的热量可使地表温度逐渐上升，局部达到30℃左右(由于堆放量不集中，且热量易散发，所以有机物料发酵产生的热量不会使局部温度达到60℃而导致烧根)，从而使茶叶根际土壤温度提高，促使茶芽早发，而氮肥、钾肥能适时供应营养生长所需养分，增强茶叶的抗逆性能;春茶结束后及时追肥，开沟施配方肥300千克/公顷、商品有机肥1500～2250千克/公顷;10月中下旬，基施饼肥2250～3000千克/公顷、配方肥300～450千克/公顷，或饼肥1500～2250千克/公顷、配方肥300～450千克/公顷。结合施肥进行中耕，改善土壤的物理性状，促进茶树生长，提高茶叶品质。

模式成效

有机肥与无机肥配合施用，改良了茶园土壤理化性状，提高茶园土壤对养分的吸附能力，减少化肥流失，提高肥料利用率，实现化肥减量的同时彻底告别了单纯施化肥增产量的时代，对提高茶叶品质、促进茶产业的发展具有十分重要的作用。从经济效益看，每公顷可增加产值7500元以上，减少化肥施用90千克/公顷(折纯)，其中氮肥减量60千克/公顷(折纯)、磷肥减量30千克/公顷，节约化肥成本495元/公顷，合计节本增效约8000元/公顷。

有机替代

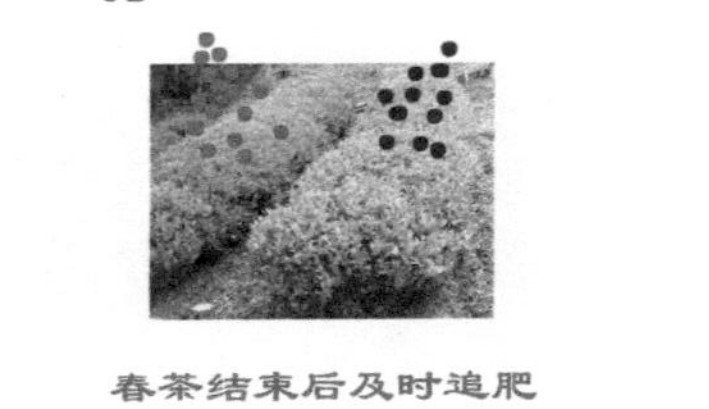

安吉茶园使用多种来源的有机肥，除畜禽粪便、动植物残体外，还使用菜籽饼、豆饼等高档有机肥料

提升了安吉白茶的品质，还能每公顷增加产值7500元以上

每公顷减少化肥施用90千克（折纯），节约化肥成本495元，节本增效约8000元

春茶结束后及时追肥

10月中下旬施基肥

19.脲铵替代

模式概要

浙江省嘉兴市以新塍镇万民村为中心示范区，连续四年在水稻、小麦和油菜等多种粮油作物上展开脲铵(含氮 30%)替代尿素(含氮 46%)施肥的田间示范试验，结果表明，在氮肥用量明显减少的同时，试验作物产量稳中有升。

模式内容

脲铵氮肥是指含有尿素态氮、铵态氮两种形态氮元素的固体单一肥料，与普通尿素相比，脲铵氮肥能减缓或抵制“尿素分子→铵态氮→硝态氮”的转化过程，可降低硝态氮的淋失和反硝化损失，可减少氨的挥发损失，具有缓释性好、肥效长的特点。

脲铵经高塔熔体造粒，又添加了硫、镁、钙、硼等中型元素及缓控释剂，流失量小，不易挥发，所以起到了速效又长效的作用，大大提高了肥料的利用率，可高达 80%左右；相比之下，尿素的氮素流失快、挥发快，所以利用率低，仅为 20%～30%，而且尿素施入土壤后，在脲酶的作用下转化为铵氮形态，在中性或碱性土壤中，铵态氮会分解释放出易挥发的氨气。

脲铵氮肥还可提高中微量元素的有效性。中微量元素多以金属离子为有效形态，这些金属离子易与磷酸根结合形成不溶或难溶性的化合物，降低肥效。将中微量元素肥料与氮肥一起造粒制成商品肥料，可以有效地降低其与磷酸根结合固化的比例，提高中微量元素的有效性。

以上机理决定了脲铵氮肥有显著的增产效果，以脲铵为主要氮肥，既能够在氮素供应上做到速效、缓效相结合，又能减少氮素以氨的形式挥发损失，从而提高肥效，使氮肥用量下降。

为促进脲铵的推广应用，嘉兴市连续四年展开了脲铵替代尿素的田间示范，土肥技术部门为此还专门组织专家制定了施肥技术方案。水稻上，施用脲铵 450～525 千克/公顷（“甬优系列”需再增加 75～150 千克/公顷），其中，施基肥 120～150 千克/公顷，分蘖肥、壮秆肥、穗肥各追施脲铵 90～105 千克/公顷，追肥时期与尿素相比，需提前 3～5 天；小麦上，施用脲铵 450～525 千克/公顷，基肥、分蘖肥、穗肥各占 1/3；油菜一般施用脲铵 450～525 千克/公顷，基肥、追肥各占 50%，追肥根据生长情况，分 1～2 次施用。

模式成效

示范试验结果表明，与施用尿素相比，以脲铵为主要氮肥可使小麦、油菜的产量分别增加 10%、2%，减少的氮肥投入（折纯）分别为 94.5 千克/公顷、49.5 千克/公顷，减幅分别达 50%、24%；脲铵施于水稻，具有与施用尿素相似的水稻产量水平或略增，但减少氮肥投入（折纯）82.5 千克/公顷，减幅达 34.78%。由于脲铵价格比尿素低 400 元/吨左右，折合每公顷节本约 200 元，节本增效明显。2014 年，嘉兴市已全面推广脲铵替代尿素。

脲铵替代

脲铵替代尿素的综合效果为减少氮肥投入20%~35%，节省成本150~210元/公顷

化肥

脲铵含氮30%

化肥

尿素含氮46%

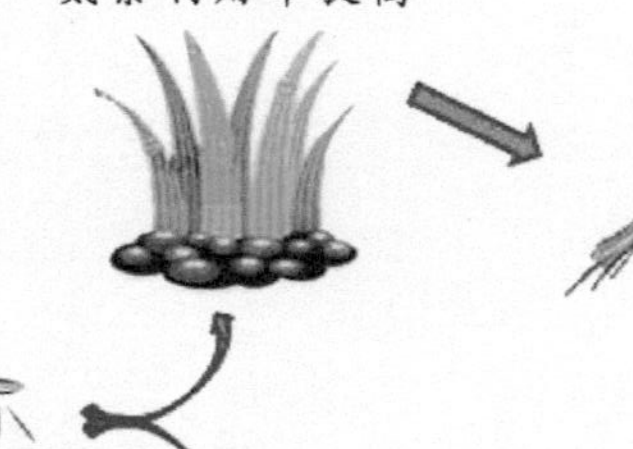

相同质量

含氮量虽低，但氮素利用率提高

含氮量虽高，但氮素利用率低

产量相似

水稻每公顷450~525千克相同用量，施用脲铵与施用尿素相比平产或略有增产

小麦每公顷450~525千克相同用量，施用脲铵比尿素增产显著

循环篇

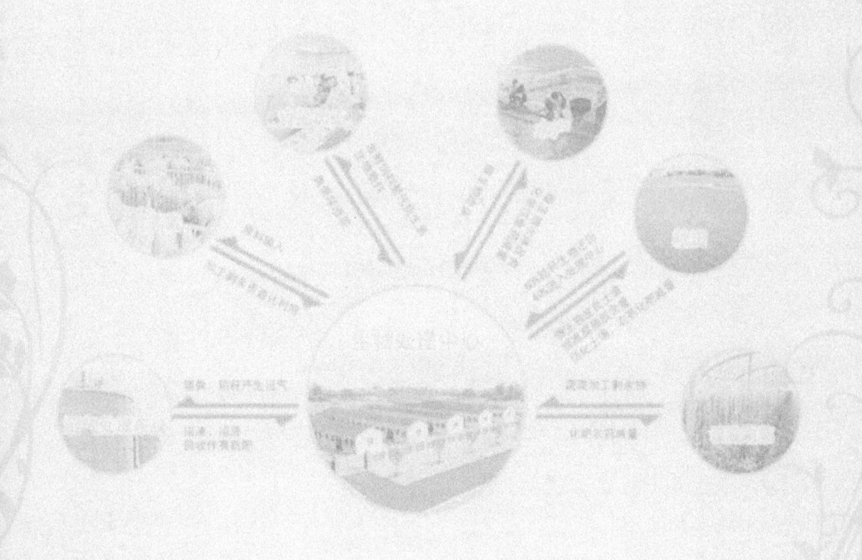

20. 区域循环

模式概要

杭州市萧山区江东现代生态循环农业示范区，按照地方实际，以种植业、畜禽养殖业和水产养殖业为主导产业，通过组建农业废弃物综合处理中心，实现“变废为宝”，打通种植、畜禽、水产三大产业之间的循环链条，达到资源利用高效、生产清洁可控、废物循环再生，构建以数十家农业生产主体为支撑的园区现代生态循环农业发展模式。

模式内容

围绕畜禽养殖业、种植业和水产养殖业等主导产业，以有机肥加工中心、病死动物无害化处理中心、秸秆收集处理中心、沼液配送中心、农药废弃包装物回收处理中心等五大工程一体化为节点，着力实现畜禽排泄物的资源化利用、死亡动物的无害化处理、农作物秸秆的综合利用和农药废弃包装物的有效回收。该模式的重点：一是在于区域内对各产业的统筹布局，以及对各节点工程的集中建设。二是为了减少生产废弃物（如猪粪、养殖废水、污泥等）的处置压力，需要在产业上进行设施的标准化提升，如在养殖业上应用环保饲料、雨污分离、干湿分离；如在种植业上应用肥药双控、地力提升、节水灌溉和标准化生产；在水产业上应用清洁能源、生态养殖技术，进行池塘改造。三是需要建立足量契合的主体小循环进行支撑。示范区内规模农业主体 32 家，基本都建立了主体小循环，能够将处置成本内部化，提高效率，增加收入。

该模式主要有以下三个优势：

(1)资源利用集约高效。推广应用高效设施和节水节能技术，提高农业资源利用率。在种植业中已建成温室大棚130公顷，配合使用“微蓄微灌”“肥水同灌”“薄露灌溉”等节水灌溉技术；在畜牧业中推广自动喂料饮水和畜舍环境自动化控制系统；在水产业中建成白对虾钢丝大棚46公顷，推广生态混养、健康养殖技术、养殖尾水处理技术。同时注重清洁能源开发和信息技术应用，园区共安装地热泵270余台，建成3家智慧农业示范企业。

(2)生产过程清洁可控。在种植业上，以360公顷病虫害绿色防控示范区为平台，综合采取化学、物理、生物、农艺等防治手段，建有天敌繁育中心，培养物种多样性，种植诱集植物、蜜源植物等多样化的农业景观镶嵌体，设立17个农药废弃包装物回收点，实现百分百回收，普遍开展测土配方施肥，应用有机肥。在畜牧业上，调整饲料配方，严格控制重金属元素添加量，建有雨污分离、粪便干湿分离、环保主体设施和氧化塘等四部分设施，并建有排风过滤系统，防止异味扩散。在水产业上，实施多品种立体混养，科学投喂饲料，减少和控制病害发生，提高饲料利用率。

(3)废物处理循环再生。提炼和引进18项重点生态技术，规模生产主体全部建立小循环，年产沼液56万吨。建成占地3公顷的农业废弃物综合处理中心，承担示范区内死亡动物无害化处理、沼液收集配送、农作物秸秆综合利用、农药包装物回收处理、有机肥加工生产等社会化服务工作。

模式成效

采用该模式后，农业废弃物处理中心年可处理病死动物5840吨，沼液配送2.5万吨，处理秸秆8000吨，秸秆粉碎还田330公顷，加工生产有机肥1万吨，收集处理农药包装物3吨，有效解决了农业生产废弃物的处置，保护生态环境的同时降低了处理成本，增加农户收入。

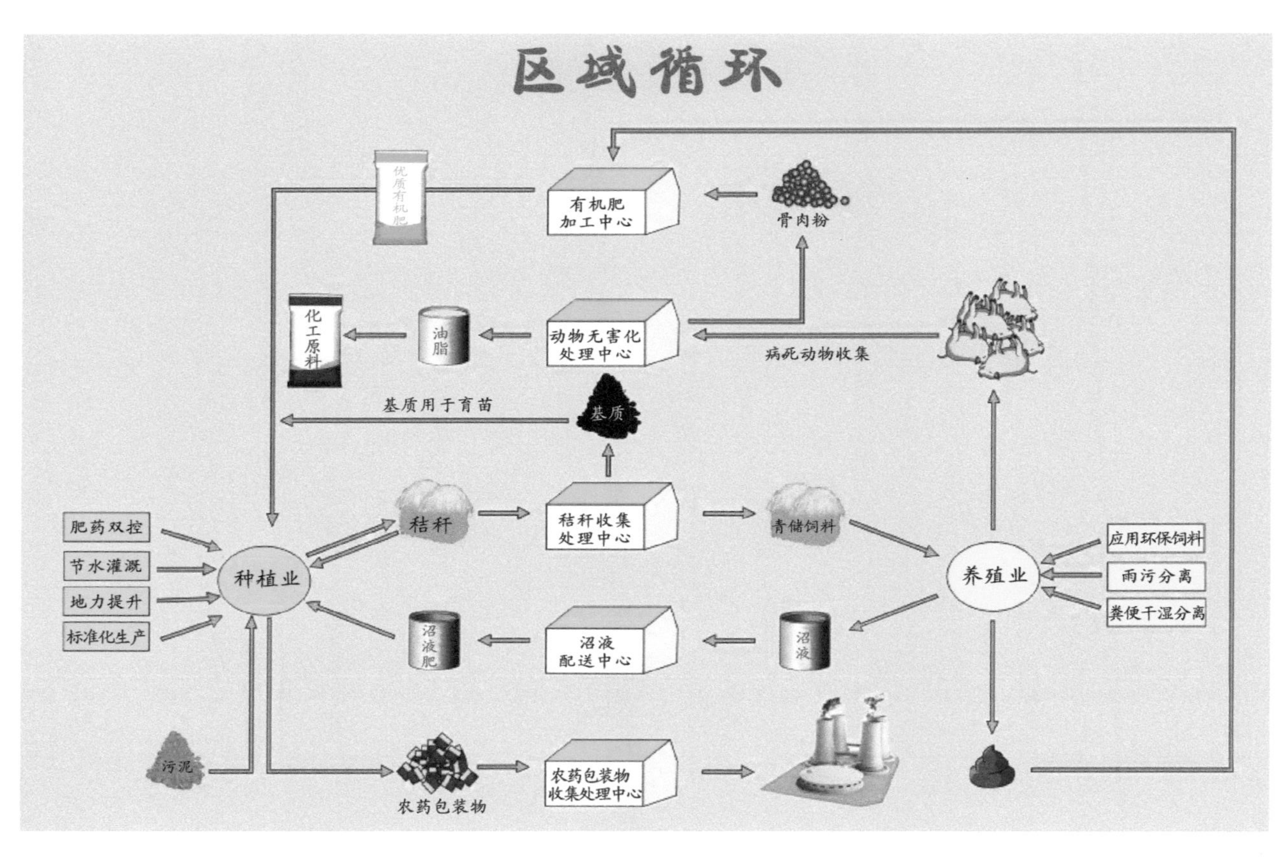
区域循环
有机肥
加工中心
优质有机肥
骨肉粉
动物无害化
处理中心
油脂
化工原料
病死动物收集
基质
基质用于育苗
秸秆
秸秆收集
处理中心
青储饲料
肥药双控
节水灌溉
地力提升
标准化生产
种植业
养殖业
应用环保饲料
雨污分离
粪便干湿分离
沼液肥
沼液
配送中心
沼液
污泥
农药包装物
农药包装物
收集处理中心

21. 生态循环

模式概要

浙江省龙泉市依托山地资源优势，在种植业基地科学规划布局建设生态养殖小区，采取“猪—沼—作物”“畜禽粪便＋废菌棒—有机肥—农作物”绿色防控等生态循环农业模式，实现种养配套、产业耦合，构建起产业间互为依赖、互为循环的区域性生态农业系统，实现养殖废弃物的有效循环利用、化肥农药减量，助力农产品品质提升，成为浙江省凸显“养殖多点布局、种植配套养殖”这一山区特色的生态循环农业典型示范区。

模式内容

以畜禽养殖排泄物资源化利用为起点，实现种养业有机结合，大力推广有机肥、沼液施用，结合病虫害绿色防控，提升种植业农产品品质；以种植业生产废弃物为源头，大力推进秸秆、枝条资源化利用，促进食用菌产业发展，构建“畜禽养殖业—种植业—食用菌产业”的循环模式。该模式主要优势如下：

(1)实现养殖污水厌氧发酵后就近消纳。畜禽养殖尿液和污水进入沼气池发酵产生沼气，供养殖场生产生活使用，产生的沼液经过滤泵房过滤稀释后，通过喷滴灌管网输送到附近茶山、果园、竹林和苗木基地中就地消纳，每个养殖场分别形成“猪—沼—茶”“猪—沼—果”“猪—沼—竹”“猪—沼—苗木”等种养结合的生态循环农业模式。

(2)可将养殖粪便与废菌棒加工为有机肥。针对园区内的生产废弃物，通过园区内的有机肥料厂统一收集粪便、沼渣、食用菌废菌棒，发酵加工后制成有机肥，供应给示范区种植基地。

(3)辅助病虫害绿色防控，有效提升产品品质。示范区实施万亩农药减量控害增效工程，推广水旱轮作、捕虫板、防虫网、频振式杀虫灯、性诱剂等物理生物防治技术，安装杀虫灯410盏，推广绿色防控措施面积650公顷，建立水稻病虫统防统治千亩示范区4个，面积400公顷，高效低毒低残留农药推广率和病虫害统防统治覆盖率达到100%，有效提升了产品品质。

(4)实现农作物秸秆综合利用。围绕产生的秸秆，通过推广作物秸秆腐熟还田、青贮饲料、食用菌种植基料制备和固化成型燃料技术，利用食用菌产业优势，实现秸秆的资源化利用。

模式成效

该模式应用于龙泉市兰巨生态循环示范区，区内为山地缓坡地形，总面积1100公顷，其中种植食用菌70公顷、茶叶400公顷、蔬菜80公顷、水果180公顷、水稻370公顷；有生态养猪场13个、山羊养殖场5个、肉禽养殖场2个，年出栏生猪3万头、羊1300只、禽15万羽；涉及农业龙头企业10家，农民专业合作社38家，种养大户500余户，年生产能力万吨以上有机肥加工厂1个。周边还有笋竹两用林基地、珍稀苗木基地及其他林地660公顷。

园区可实现年产沼气8.2万立方米，年产沼液1.5万余吨，利用各类生产废弃物1.5万吨，生产有机肥5800吨，可实现减少化肥用量500多吨，减少农药使用次数2.3次。2014年兰巨乡实现农业总产值2.03亿元，农民人均纯收入10595元，同比增长14.1%。

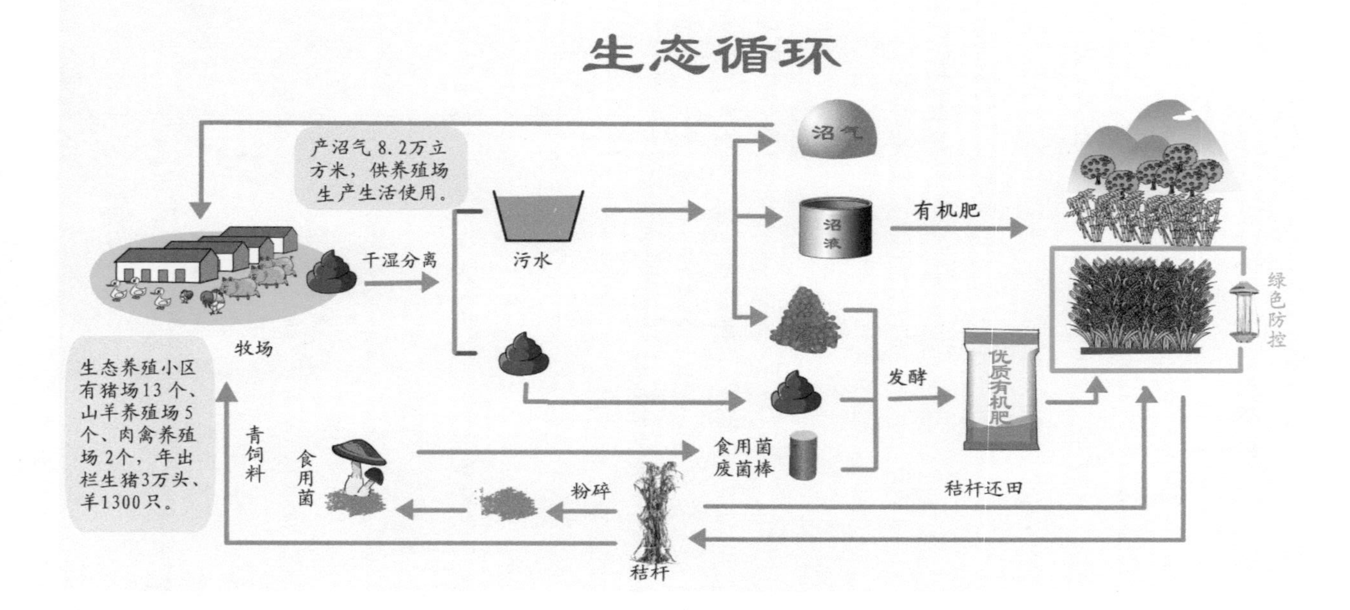
生态循环
产沼气 8.2万立方米，供养殖场生产生活使用。
沼气
沼液
有机肥
干湿分离
污水
牧场
生态养殖小区有猪场13个、山羊养殖场5个、肉禽养殖场2个，年出栏生猪3万头、羊1300只。
发酵
优质有机肥
绿色防控
青饲料
食用菌
食用菌废菌棒
粉碎
秸秆还田
秸杆

22. 区域转运

模式概要

浙江省兰溪市年产沼液 100 万吨，未能就地利用的有 55 万吨。为解决沼液整县制推进利用问题，采取“就地用肥”与“区域转运”组合设计，筹划组建 3 个沼液抽排运输服务站开展区域转运，配备运输车 30 辆，服务站与养殖企业主、种植业主签订《沼液配送协议书》，分别承担运输费用，确保养殖企业沼液不积压，种植基地常年科学用肥。

模式内容

兰溪市畜禽养殖面广，量大，全市年产沼液达 100 万吨，其中就地可以消纳 45 万吨，还有 55 万吨需要异地配送消纳。由此采取如下措施：

（1）县域配送设计。根据全市畜禽养殖分布和就地消纳情况，分别建立城西、城北和城郊三个沼液抽排运输服务站，一次性采购 14 辆不同吨位的沼液槽罐车，加上近年来通过农村沼气建设项目采购的部分沼液槽罐车，全市沼液槽罐车总数达到 30 辆，运输总吨位达到 97 吨，基本满足沼液县域配送需要。每个沼液配送基地配备 1 辆沼液槽罐车，用肥淡季由基地的槽罐车配送，用肥旺季委托区域沼液抽排运输服务站运输沼液，确保基地常年用肥需求满足。

（2）建设沼液配送设施。2012 年以来，全市先后建设田间沼液贮存池 5000 多立方米，安装沼液输送管网 3 万多米，并将沼液阀门接到田头地角，送有机肥到田头，方便种植户使用。

（3）建立配送机制。沼液抽排运输服务站分别与养殖企业主和种植业主三方签订《沼液配送协议书》和《沼液储存池建设及使用协议书》，明确任务和责任。沼液异地运输费用按每吨30元计算，养殖企业、沼液使用业主和市财政按1∶1∶1比例，各承担10元，解决了沼液异地运输费用问题。

(4)科学利用沼液。把沼液利用列入"兰溪市农业丰收奖"和"兰溪市农业科技摘牌项目"的重要申报内容中，鼓励广大农技人员在农作物沼液利用上多开展试验示范，探索不同农作物对沼液的需求量和使用效果，及时总结科研成果。根据科研成果，选择一批适于沼液施肥的规模作物、苗木基地，如万亩银杏基地、万亩竹柳基地、万亩香榧基地、万亩粮食基地，优质兰花基地、优质蔬菜基地、优质芙蓉基地、优质树木基地等。

模式成效

以位于兰溪市永昌街道西何村的顺康养殖场为例，养猪存栏4800头，2014年被列为兰溪市16个现代生态循环农业示范主体之一。现已建沼气池1600立方米、配套池960立方米、沼液贮存池200立方米、干粪池400立方米，改造雨污分离管网1500米，安装沼液输送管网3500米，安装贮气柜150立方米，安装纯沼气发电机组50千瓦，安装沼液滴灌设备系统3.3公顷。沼液主要用作80公顷林用地的配套用肥，沼气主要供西何村和后胡村村民使用，干粪主要提供给吉吉彩有机肥加工厂加工为有机肥。真正实现"三沼"全利用，污水零排放，取得明显的生态效益和社会效益，而且取得一定的经济效益：可使80公顷林用地年节省用肥支出30万元左右，可使西何村和后胡村农户年节省燃料支出10万元左右，可使场内年节省用电支出8万元左右。

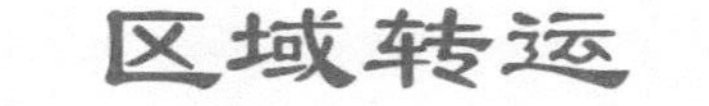
区域转运

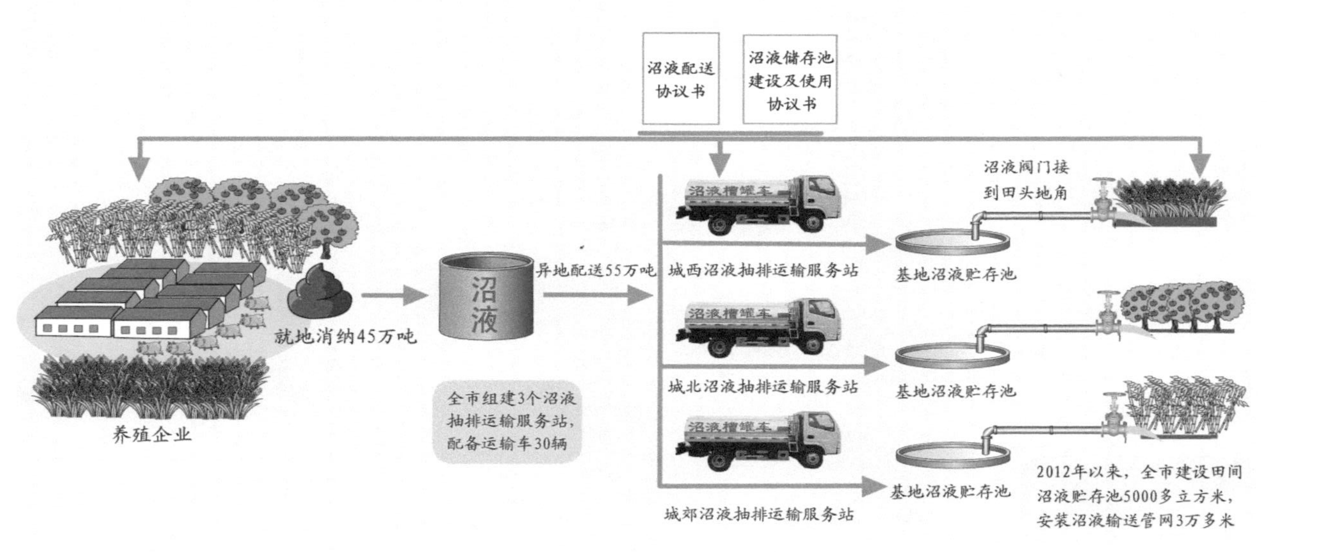
沼液配送
协议书
沼液储存池
建设及使用
协议书
养殖企业
就地消纳45万吨
沼液
异地配送55万吨
全市组建3个沼液
抽排运输服务站，
配备运输车30辆
沼液槽罐车
城西沼液抽排运输服务站
城北沼液抽排运输服务站
城郊沼液抽排运输服务站
基地沼液贮存池
基地沼液贮存池
基地沼液贮存池
沼液阀门接
到田头地角
2012年以来，全市建设田间
沼液贮存池5000多立方米，
安装沼液输送管网3万多米

23. 县域循环

模式概要

浙江省宁波市鄞州区以分布于各牧场的沼气处理设施为纽带，以区域内农、林、牧、渔等各类基地为载体，以测土配方施肥、土壤培肥等为技术支撑，以沼液物流配送公司为实施主体，实现沼液循环利用、深度开发、产业化经营，建立畜禽排泄物资源化利用大循环体系，实现全区超过80%规模养殖场纳入沼液物流配送体系，全区超过80%区级以上基地实现沼液和有机肥应用。

模式内容

以专业化的沼液物流公司为核心，连接养殖场与种植基地，以养殖场的“三沼”工程和种植基地的沼液贮存池为依托，通过购置的沼液槽罐车和建立的GPS智能监测平台，实现沼液产用对接；结合高校针对沼液应用、安全性等研究，实现沼液的县域配送和科学利用。

引入专业化沼液处置企业，负责沼液配送中沼液收集、运输、应用等环节，建立科学配送流程；负责沼液应用核心示范区建设，以及畜禽养殖场、种植基地沼液存储设施的部分维护工作。沼液物流公司分别与养殖企业和种植基地签订《沼液配送协议书》和《沼液储存池建设及使用协议书》，保障沼液的来源质量，承诺种植基地农户三年内可免费使用沼液。建立沼液物流配送指挥中心，包含GPS定位沼液槽罐车、沼液池布局图、基地贮液池分布设置图、沼液配送路线图，同时与地力检测网联网，实时反映沼气池（贮液池）的沼液贮存量、沼液使用量、可灌溉面积等数据。加强基础设施建设，实现种、养殖业无缝对接，在各种植基地建设 13475 立方米沼液池，购置 5 辆沼液槽罐车（运载量为 8 吨/车），用于对接 23 家畜禽养殖场和 12 个乡镇的种植基地，覆盖面积约 5300 公顷，涵盖水稻、蔺草、茶叶、葡萄、草莓以及花卉、竹林、蔬菜等，日运输能力可达 300 吨，基本保证 10 万吨/年的运输量。适时采取政策补贴，将沼液配送纳入政府补贴范围，配送公司每配送 1 吨沼液，获得 25 元运输费，其中 20 元来自政府补助，5 元来自牧场。同时依托浙江大学和浙江省农业科学院，积极开展沼液浓缩除盐技术、沼液生物安全指标体系、沼液液态肥开发和农作物的沼液使用操作规程等研究，进一步探索沼液深度开发利用，以科技提升企业盈利能力。

模式成效

实现率先创建政府引导、市场化运作的沼液物流配送服务体系，整县制推进排泄物资源化利用，为突破生态循环农业点状、线性、局部发展格局，提供了成功经验。强化科技支撑，创新智能化沼液物流配送体系，提高农作物精准施肥水平，促进了农业设施化和标准化的发展。2013 年累计配送 28 万吨，解决了全区近 50％畜禽养殖排泄物资源化利用问题，沼液配送范围覆盖面积达 5300 公顷，基本实现了县域范围主导作物的全覆盖。

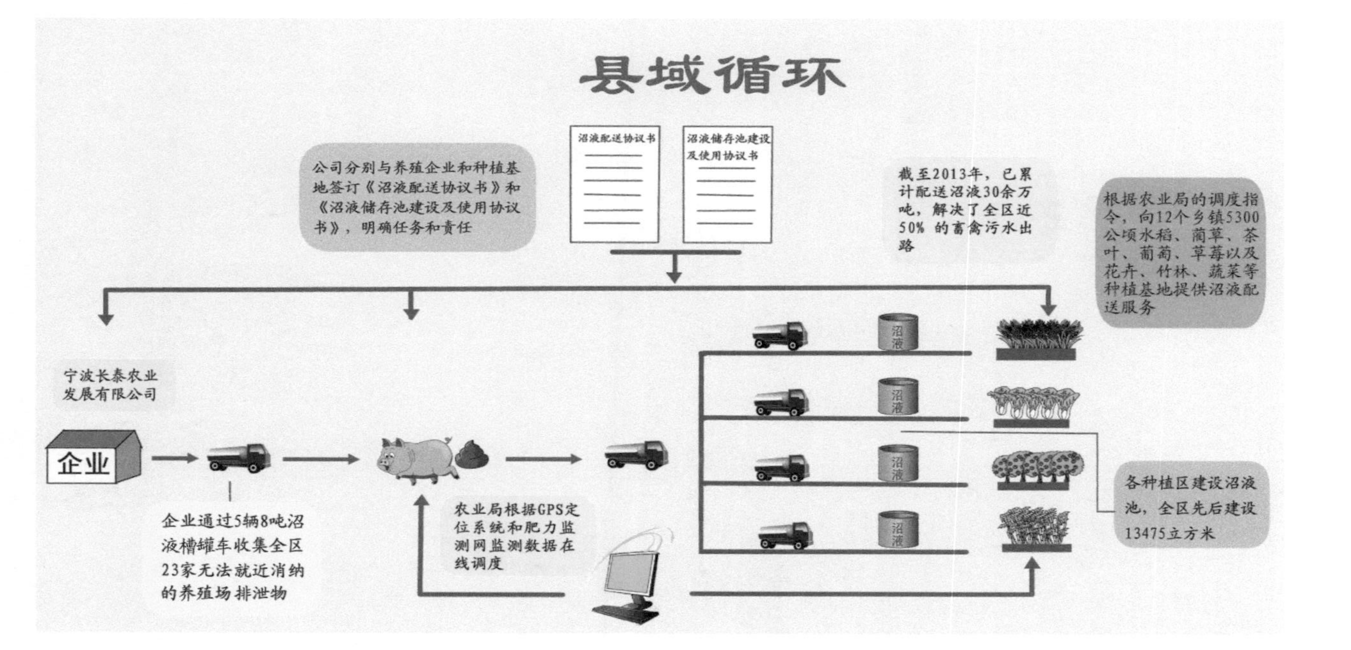
悬域循环
公司分别与养殖企业和种植基地签订《沼液配送协议书》和《沼液储存池建设及使用协议书》，明确任务和责任
沼液配送协议书
沼液储存池建设及使用协议书
截至2013年，已累计配送沼液30余万吨，解决了全区近50% 的畜禽污水出路
根据农业局的调度指令，向12个乡镇5300公顷水稻、蔺草、茶叶、葡萄、草莓以及花卉、竹林、蔬菜等种植基地提供沼液配送服务
宁波长泰农业发展有限公司
企业
沼液
企业通过5辆8吨沼液槽罐车收集全区23家无法就近消纳的养殖场排泄物
农业局根据GPS定位系统和肥力监测网监测数据在线调度
各种植区建设沼液池，全区先后建设13475立方米

24. “三沼”并用

模式概要

浙江省诸暨市是农业大市、畜牧强市，秸秆和猪粪等沼气发酵原料丰富，取用方便。诸暨市积极推进农村沼气集中供气项目建设，以自然村为单位，建设沼气集中供气工程，实现“一举多得”，目前已完成100户以上村级沼气集中供气项目9个，建设厌氧池池容5650立方米，计划集中供气农户1250户。猪粪、农作物秸秆发酵产生的沼气，供全村村民作炊事燃料，为村民提供清洁能源；沼液、沼渣供农田施肥，既减少养殖污染和化肥用量，又防止秸秆焚烧。

该模式已实现年利用猪粪800吨、秸秆400吨，产沼气8万多立方米，集中供气农户240户，沼液灌溉农田20公顷。

模式内容

暨阳街道安家湖村位于诸暨市城南，是诸暨市农村清洁能源示范村，下辖赏霞畈、新坂、桥下三个自然村。在赏霞坂村建设150户沼气集中供气工程并成功运行的基础上，安家湖村沼气集中供气工程于2011年新建，总投资128万元。

2011年开始采用全混厌氧发酵工艺(CSTR)，以猪粪为主料、秸秆为辅料，建设沼气集中供气工程。共建设厌氧池500立方米、配套池250立方米、储气柜150立方米，铺设输气管网8000余米，购置用气设备240套，还配备太阳能增温设备1套，以提高冬季产气量。

猪粪加水进入预处理系统除去泥沙杂质及经酸化均质后进入沼气池，秸秆经粉碎浸泡后与猪粪搅拌均匀入池。年利用猪粪约

800吨、秸秆约400吨,年产沼气8万多立方米,经脱硫脱水净化处理后纳入沼气输配系统,为新坂自然村240户村民集中供气,用作日常炊事燃料;沼液作为优质有机肥供周边20公顷农田灌溉使用。

输气管网采用两路三级管网铺设,即两路主管道规格为∅110,二级管道规格为∅50,三级管道规格为∅32,农户家中的管道规格为∅20,并且在各个地势低的地方设有排水阀,排除管内积水,确保每户农户都能正常用气。并建设50立方米贮肥池,用污泥泵和管道将多余沼液输送到田间贮肥池,作为优质有机肥供农户取用。

模式成效

该模式配备1名专职管理人员,负责进料、沼液回流、检修设备等工作。沼气收取1元/立方米的费用,用来支付原料运输费用和管理人员工资,基本实现收支平衡,保证项目能长期运营下去。

该项目为周边农户提供了清洁能源,改善了土壤理化性质,减少化肥农药的使用,提高农产品品质,产生了一定的经济、社会和生态效益。项目的实施能减少秸秆和猪粪对环境的污染,实现资源化、减量化,同时沼气是清洁的可再生能源,能提高农民生活用能品质,改善周边环境卫生,沼液的利用将畜牧业和种植业联系起来,形成农业循环产业链。

沼气工程实现了能源生态新农村建设。项目的成功运行为诸暨市新农村建设起到了良好的示范带头作用,具有良好的社会效益。为240户村民常年集中供气,按每户每年4瓶煤气,每瓶120元计算,每年可节省煤气费用11.52万元。沼液作为有机肥供应周边20公顷农田,按每公顷化肥用量1800元计算,每年可节省化肥和农药费用3.6万元。

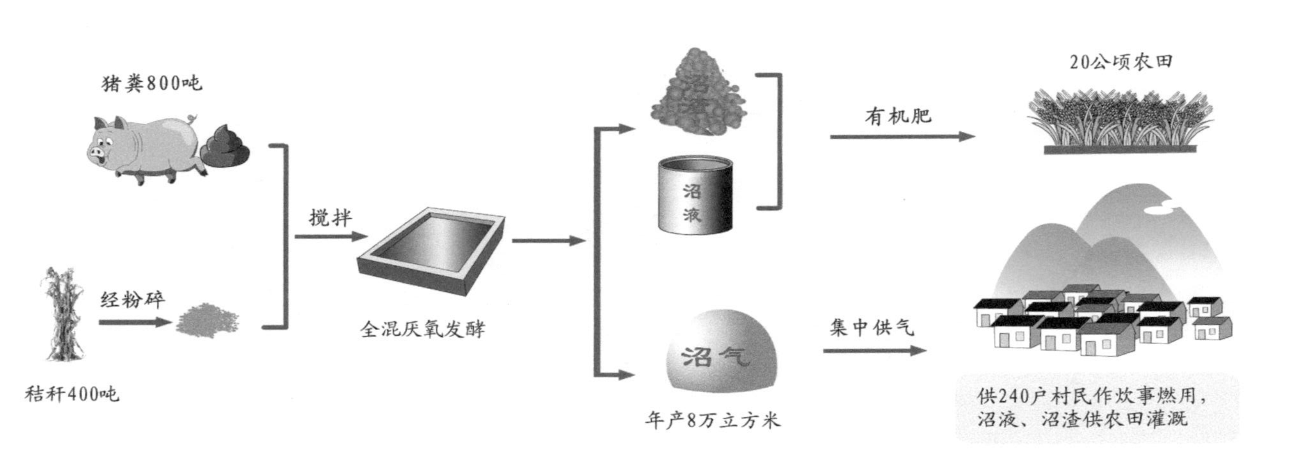

“三沼”并用
猪粪800吨
秸秆400吨
经粉碎
搅拌
全混厌氧发酵
沼渣
沼液
沼气
年产8万立方米
有机肥
集中供气
20公顷农田
供240户村民作炊事燃用，
沼液、沼渣供农田灌溉

25."三区"融合

模式概要

浙江省永宁生态循环农业示范园以现代生态循环农业示范园区为平台,以畜禽养殖区域为"核心区",以水稻和设施化果蔬区域为"紧密区",以茶叶、香榧等农经作物种植区为"配套区",实现种养结合,构建起产业间互相依赖、互相循环的区域性生态农业系统,是园区构筑现代生态循环农业体系的成功范本。

模式内容

整个园区从内到外分为三层,依次建有"核心区""紧密区"和"配套区"。最内层的"核心区"为规模化生猪养殖场,生猪粪尿经干湿分离后,猪粪加工为有机肥,养殖废水和尿液经厌氧发酵后产生沼液,沼液、有机肥运输到"紧密区"和"配套区"进行使用,沼气供养殖场发电和生活使用。中间层的"紧密区"为设施化果蔬和稻米生产基地,利用喷滴灌管网从"核心区"内配送沼液作为有机肥使用,就近利用,降低运输成本,水稻种植产生的秸秆经收集青贮后可做青饲料,果树枝条和蔬菜残叶经粉碎后就地还田。最外层的"配套区"为水果、蔬菜、茶叶、水稻、竹林和香榧生产基地,主要用于消纳"核心区"产生的沼液和有机肥。沼液通过槽罐车运输,"配套区"产生的秸秆同样可做青贮饲料或就地还田。"三区"整体构筑园区的现代生态循环农业链条,实现了"零排放"和"零污染"。

该模式主要利用了种养业之间的空间布局,通过构筑生态循环体系,注重实现畜禽排泄物消纳与土地承载力之间的有效平衡,种养比为1公顷地存栏23头生猪左右。"核心区"规模化养殖场需要建设沼气池、生物质滤池、粪便堆积发酵棚、氧化塘、沼液管网等设施，同时配套建设发电机组、槽罐车、吸肥泵等设施。“紧密区”和“配套区”需要建设喷灌滴灌、秸秆收贮等设施。

该模式应用于浙江省永宁生态循环农业示范园，园内“核心区”配套建设年出栏 1.5 万头的规模化生猪养殖场。场内建有 1900 立方米大型沼气池、4500 立方米生物滤池、800 立方米猪粪堆积发酵棚、7000 立方米氧化塘贮液池、32000 立方米沼液输送管道和纯沼气发电机组。“紧密区”通过与所在的永宁村建立土地作价入股关系，以及创建粮食专业合作社联合社等途径，建立 60 公顷设施化果蔬和稻米生产基地。“配套区”内为占地 600 公顷的水果、蔬菜、茶叶、水稻、竹林、香榧基地。

模式成效

通过“三区”融合，实现了种养业的无缝对接，构筑了“猪—沼—果”“猪—沼—茶”等循环模式。产生的沼渣和发酵后的猪粪全部用作有机肥还田；沼气作为能源，一部分用于食堂燃料和仔猪保温，另一部分用于发电，供猪场生产、生活使用。按现有园区统计，畜禽排泄物可年产沼气 17.2 万立方米，年减排化学需氧量 234 吨，节本增效 400 多万元。

政府在建设过程中会予以适当补贴，以减轻主体建设成本。以现有园区政策为例，对养殖场购置纯沼气发电机组、槽罐车、吸肥泵等设施设备给予 50%的补助；对年利用沼液 2 万吨以上，利用面积 30 公顷以上的种植基地，给予 30 万元的奖励。

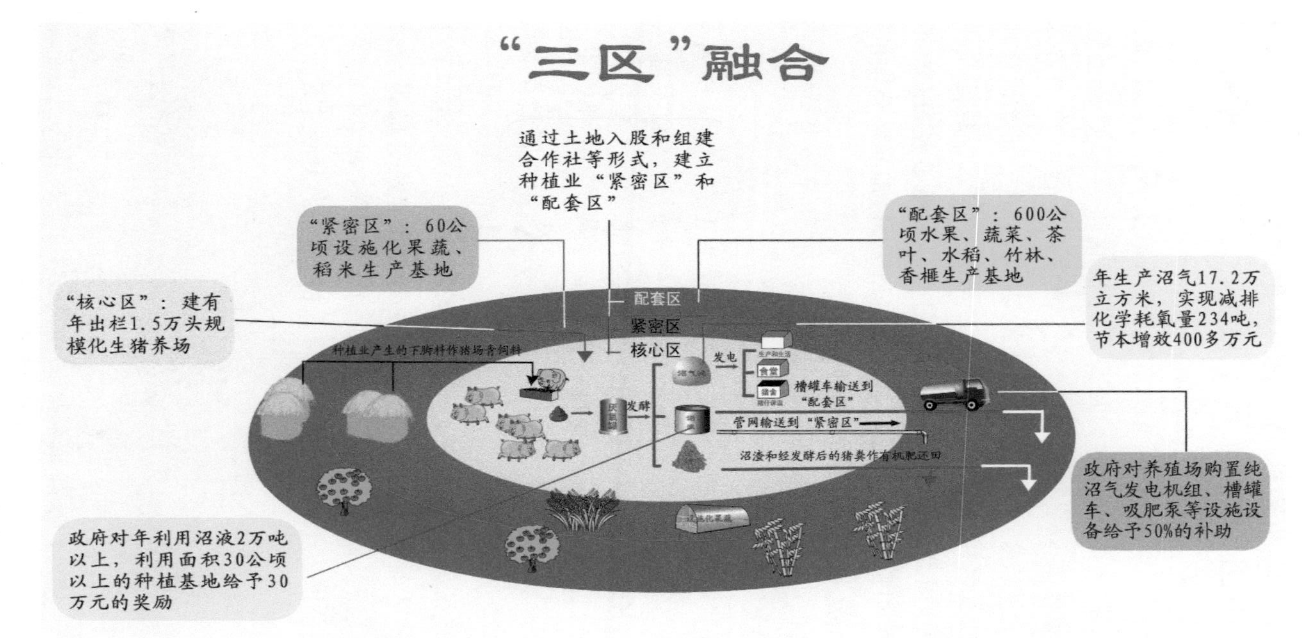
“三区”融合
通过土地入股和组建合作社等形式，建立种植业“紧密区”和“配套区”
“紧密区”：60公顷设施化果蔬、稻米生产基地
“配套区”：600公顷水果、蔬菜、茶叶、水稻、竹林、香榧生产基地
“核心区”：建有年出栏1.5万头规模化生猪养场
年生产沼气17.2万立方米，实现减排化学耗氧量234吨，节本增效400多万元
配套区
紧密区
核心区
种植业产生的下脚料作猪场青饲料
发酵
发电
槽罐车输送到“配套区”
管网输送到“紧密区”
沼渣和经发酵后的猪粪作有机肥还田
政府对养殖场购置纯沼气发电机组、槽罐车、吸肥泵等设施设备给予50%的补助
政府对年利用沼液2万吨以上，利用面积30公顷以上的种植基地给予30万元的奖励

26. “废”不出户

模式概要

该模式以生猪养殖为核心，产生的畜禽粪尿、死亡动物通过先进的设备和工艺全部转化为有机肥、沼液，用于配套的种植业，实现生态消纳。植物茎叶作为还田肥料和生猪辅助饲料，形成“猪—沼肥—作物—猪”的生态循环农业体系。同时打造园区农业生态景观，延伸生态产业链，推进园区休闲观光和农业发展。

模式内容

通过生猪养殖产生的畜禽排泄物，经过水泡粪、干湿分离、SBR（序列间歇式活性污泥法）曝气工艺处理后，产生的沼液在50公顷种植基地消纳，干粪及死亡生猪尸体经加工后制成有机肥，有机肥用于改善种植园区土壤质地，减少化肥用量，实现整个种养园区的清洁生产。该模式需抓住以下三个方面的重点：

（1）养殖设施和工艺。猪场采用自动喂料、室内温控及水泡粪技术。水泡粪池内大量采用酵素及各种有益菌，使猪的粪尿先进行发酵，杀灭病菌并减少猪舍的氨气。养殖废水采用“厌氧＋好氧”处理工艺，引进国际领先的平板膜生物反应器、曝气式光生物反应器等新设备，以及养藻脱氮除磷新工艺，对猪场沼液进行深度处理，年产生粪尿2.32万吨，经综合处理后充分还田利用，实现养殖污染零排放。

（2）病死猪处理。为确保病死猪无害化处理到位，园区投资50万元从台湾引进一套畜禽尸体无害化处理设备（日处理能力为1.5吨），该设备以生物催化剂（“酵益密码”，一种酵素益生菌复合粉）

配合禽畜尸体无害化高速处理机，迅速分解畜禽尸体，分解产物用作植物的有机肥。

(3)配套种植业。与养猪配套的农业生态种植区及生态休闲农业区内，有大棚蔬菜、特种水产养殖、果树、苗木、粮食作物、花卉园林等。来自养猪场的1000多吨有机肥经发酵干燥后用作芦笋和果树的底肥，液态肥则先通过储肥池存储，到作物需肥季再浇灌，主要用于农田、竹柳和芦笋的灌溉，其中芦笋基地使用滴管灌溉，竹柳基地使用管道喷灌。由于液态肥含有酵素发酵液，可有效杀灭秸秆中的有害菌和虫卵，并加速秸秆中有机养分的分解，有利于促进农作物秸秆还田，同时芦笋老茎叶经干燥粉碎又可作为生猪辅助饲料，形成“猪—沼肥—作物—猪”生态循环农业体系。

模式成效

该模式应用主体位于浙江省嘉兴市南湖区余新镇金星村，总面积79公顷，其中生猪养殖区13公顷(猪舍面积3.5万平方米，存栏生猪9800头)，配套建设农业生态种植区59公顷、生态休闲农业区7公顷。每公顷农田配套养猪达150头以上，整个园区内实现污水零排放，且闻不到臭气，每亩地产出量远远高于周边农村。农田的蚯蚓多了，土质松了，保肥保水能力更好了，而且所产农产品的品质也好、效益高，深受市场青睐。2014年蔬菜和大米的销售收入各为100万元左右，苗木销售收入在300万元左右。

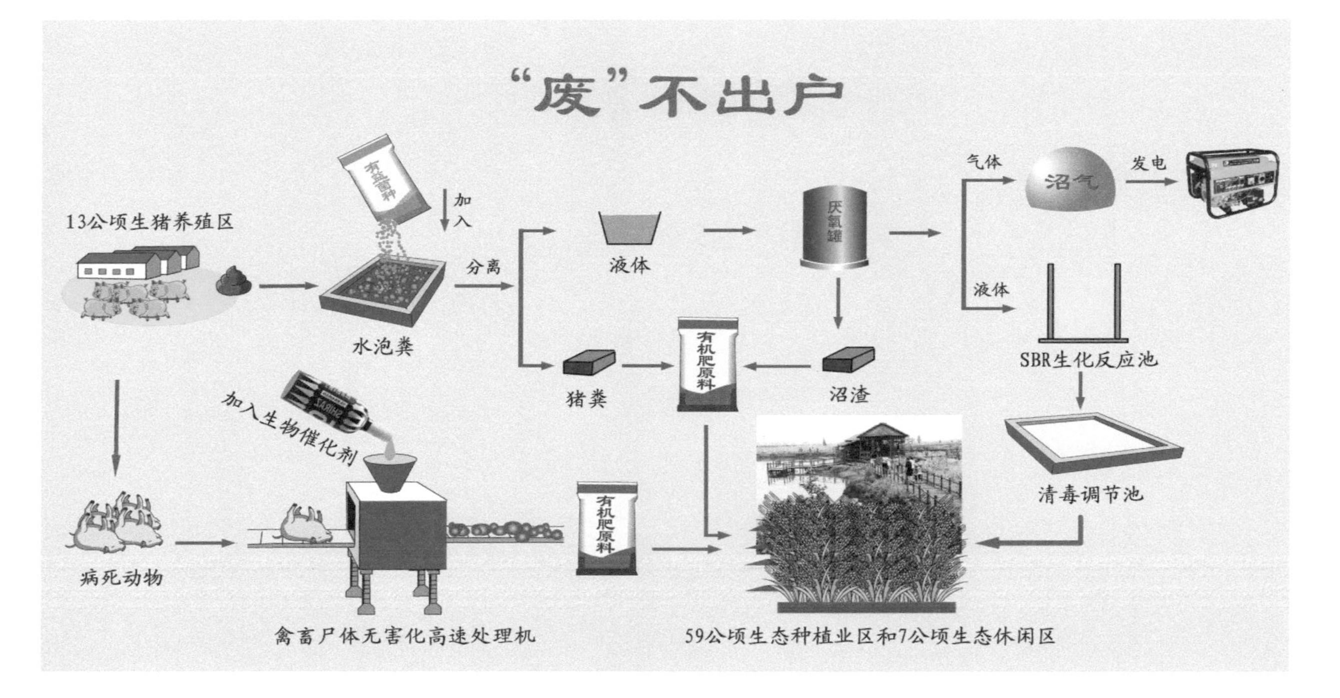
“废”不出户
13公顷生猪养殖区
有益菌种
加入
水泡粪
分离
液体
猪粪
有机肥原料
厌氧罐
沼渣
气体
液体
沼气
发电
SBR生化反应池
清毒调节池
病死动物
加入生物催化剂
禽畜尸体无害化高速处理机
有机肥原料
59公顷生态种植业区和7公顷生态休闲区

27. 生态农庄

模式概要

该模式综合畜禽排泄量与消纳地面积，以1公顷山地养45头猪的种养比，实现排泄物就地消纳，以排泄物与土地承载力之间的平衡点布局种养业，以投资少、全利用、零污染的特色，实现自我小循环的生态农庄模式。目前该模式已在全国美丽乡村示范县——杭州市桐庐县的多个家庭农场成功复制，为浙江省家庭农场发展指明了方向。

模式内容

生态农庄就是按照“适度规模、种养结合、立体循环”的思路，依据当地地势条件，形成“以种植园为依托，以畜牧业为重点，循环利用，相互促进”的生态农业发展模式。一般场内种养配比达到45头/公顷（生猪存栏/种植面积）左右。猪粪经过发酵、干湿分离加工成有机肥，用于种植基地，尿液污水经过三级沉淀及厌氧发酵处理后，直接通过高压泵抽到山顶的蓄肥池，蓄肥池总体积不少于猪场3个月的废水产生量。根据种植品种用肥需求，通过喷滴灌设施灌溉果园、苗木，果园再套种蔬菜、牧草等，而蔬菜、牧草等则可作为生猪的青饲料，整个发展模式做到了“农场小循环”，通过“猪—果（蔬）”配套，做到了就地消纳，实现了零排放、零污染的“封闭式循环”。同时，因施用有机肥，果蔬等农产品原生态的生产方式，成为农庄开拓休闲观光农业的重要卖点。

以生猪存栏2200头左右、周边配套消纳地面积约47公顷、种养比例1∶45为例测算，年产出猪粪约1000吨，通过干湿分离，

30%的猪粪经发酵处理后作为有机肥料，另 70%的猪粪送给周边农户用作肥料；日产污水约 1.8 万升，经过三级沉淀及厌氧发酵处理后，直接通过高压泵抽到山顶的蓄肥池，根据种植品种用肥需求，再通过喷滴灌设施灌溉梨园、桃园、苗木等；果园可套种番薯、萝卜、黑麦草等，番薯、萝卜、黑麦草等可作为生猪的青饲料，从而形成种养结合的小循环。其余区块可以建设一批休闲观光设施，连接农家乐，开发时令果蔬采摘等项目，进一步延长产业链。

模式成效

据测算，经过生物技术处理的猪粪尿，能为 35 公顷果树提供优质的有机肥，每年可减省化肥 34 吨左右，折合人民币 10 万～15 万元；有机肥的使用可有效改良土壤板结，提高土壤肥力，增进植物成活率，还可使苗木、果树根系发达，长势强旺，且夏季抗旱能力明显提高，减少旱灾损失达 25%～30%以上。六年生果树平均亩产可增加 230 千克，而且水果甜度增加，口感更鲜美，由于果品安全质量有保证，农庄水果在市场上的售价比其他产地的果品每千克高出 1.0 元左右。果园套种的紫番薯、萝卜等作为青饲料饲喂母猪，节约饲料成本折合约每头 20 元。

此外，以农庄为核心的休闲观光及果蔬采摘活动每年可吸引上万游客前来旅游消费。在此基础上，农庄可以将加工好的粪肥免费送给当地菜农，指导他们按标准生产有机蔬菜供游客采摘，采摘价格可高于市场价，以“合作社＋基地”的形式带动周边农民致富。

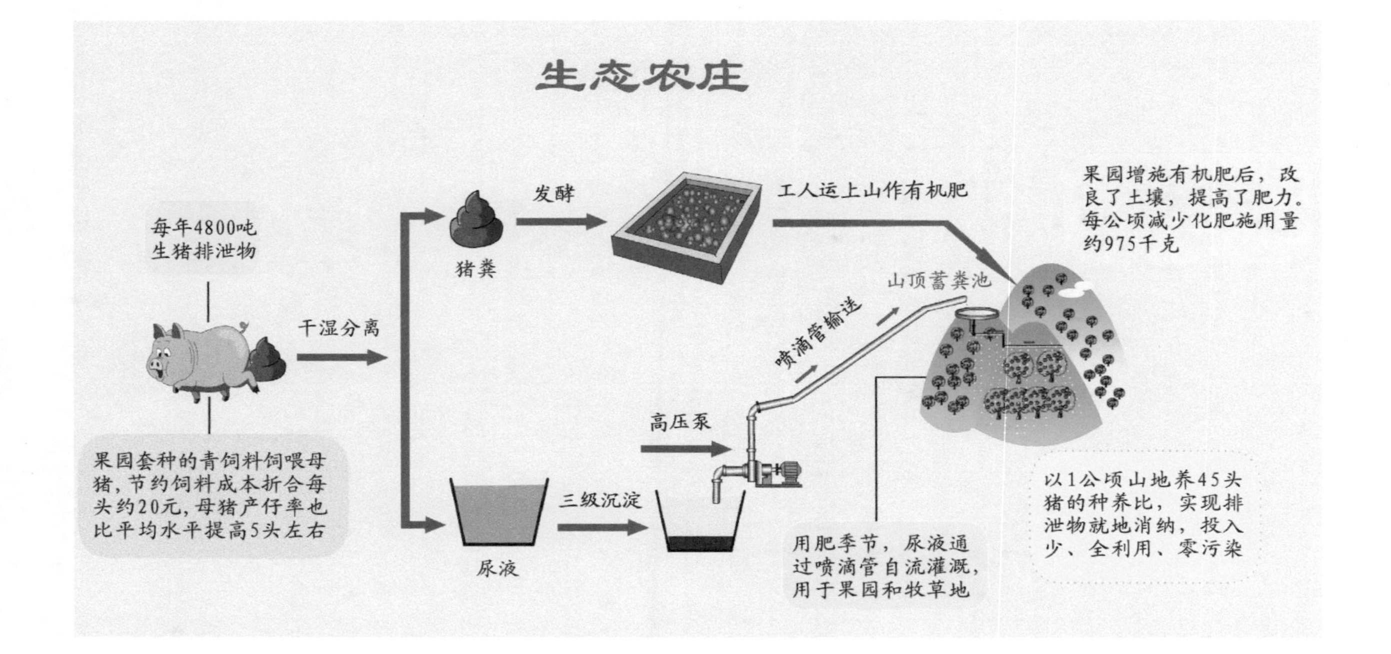
生态农庄
每年4800吨
生猪排泄物
果园套种的青饲料饲喂母猪，节约饲料成本折合每头约20元，母猪产仔率也比平均水平提高5头左右
干湿分离
猪粪
发酵
工人运上山作有机肥
果园增施有机肥后，改良了土壤，提高了肥力。每公顷减少化肥施用量约975千克
尿液
三级沉淀
高压泵
喷滴管输送
山顶蓄粪池
用肥季节，尿液通过喷滴管自流灌溉，用于果园和牧草地
以1公顷山地养45头猪的种养比，实现排泄物就地消纳，投入少、全利用、零污染

28. 开启能源

模式概要

该模式以县域畜禽养殖粪便处理发电项目为纽带，上游连接全县养殖场猪粪收集处理，下游连接沼气发电上网、有机肥加工和沼液就地消纳，解决畜禽养殖污染难题，实现生猪养殖排泄物资源化利用。该模式是浙江省首个并入国家电网的猪粪发电项目，是浙江省生猪排泄物从初级的有机肥利用向新能源开发挺进的重要标志。

模式内容

该模式以收集的近百家养殖场的生猪排泄物为原料，通过沼气池厌氧发酵，发酵产生的沼气经热电转换机发电，并入国家电网；产生的沼液再由公司调度运输到种植基地的贮液池，供基地免费施用；产生的沼渣和干粪通过烘干等工艺，加工成有机肥出售，实现排泄物的资源化利用。

浙江省衢州市龙游县是浙江省畜禽养殖大县，年存栏生猪近90万头。2011年，依托国家开发办世界银行全球环境基金的"农业废弃物资源化及沼气发电工程示范项目"，由当地大型养猪企业实施，成立能源科技有限公司，投资4500万元，启动全国少数几个以生猪排泄物为原料，并入国家电网的电热肥三联产模式示范工程，首期装机容量1兆瓦，二期工程完成后，年发电量可达1600万千瓦·时。

发电所需的生猪排泄物，由能源科技公司与近百家生猪规模养殖场签约收集。根据各规模场的布局和排泄物产生量，公司每

天调度 8 台全密闭吸粪车，负责收集这近百家养殖场每天产生的 500 吨生猪排泄物，存入 20000 立方米的厌氧罐，集中发酵处理。经发酵处理，每日能产生浓缩沼液 70 余吨、沼渣 30 余吨，年生产沼气 160 万立方米、2 万吨固体有机肥和 12 万吨沼液肥。县财政积极进行政策引导，电价从 0.75 元/度上调至 1.1 元/吨，并按公司产能 60%以上、每吨生猪排泄物发电 70 度的标准，补助收集费用 15 元，结合其他补助项目，2013 年共补助 93 万多元。

模式成效

采用畜禽排泄物统一收集方式，减少近 100 家生猪规模养殖场沼气等设施投入，提高了沼气能源化利用率，解决了龙游全县 1/3 生猪养殖量的排泄物资源化利用问题；每年消纳约 30 万头生猪的排泄物，年处理农业废弃物 20 万吨，减少二氧化碳 11 万吨、二氧化硫 82 吨，节约标煤 3840 吨，减少 COD 排放 7100 余吨，减少 BOD 排放 7800 余吨；年上网电量约相当于当地 6000 户居民一年的用电量。公司管理、折旧、生产、维修等系列成本基本与电费和有机肥的收入持平。采用“猪—沼—作物—秸秆—猪”的生态循环农业模式，以沼肥、有机肥施用减少化肥用量，同时由于沼液的杀菌作用，可以减少农药用量；用农作物秸秆喂养畜禽，有效提升农产品、畜产品品质。

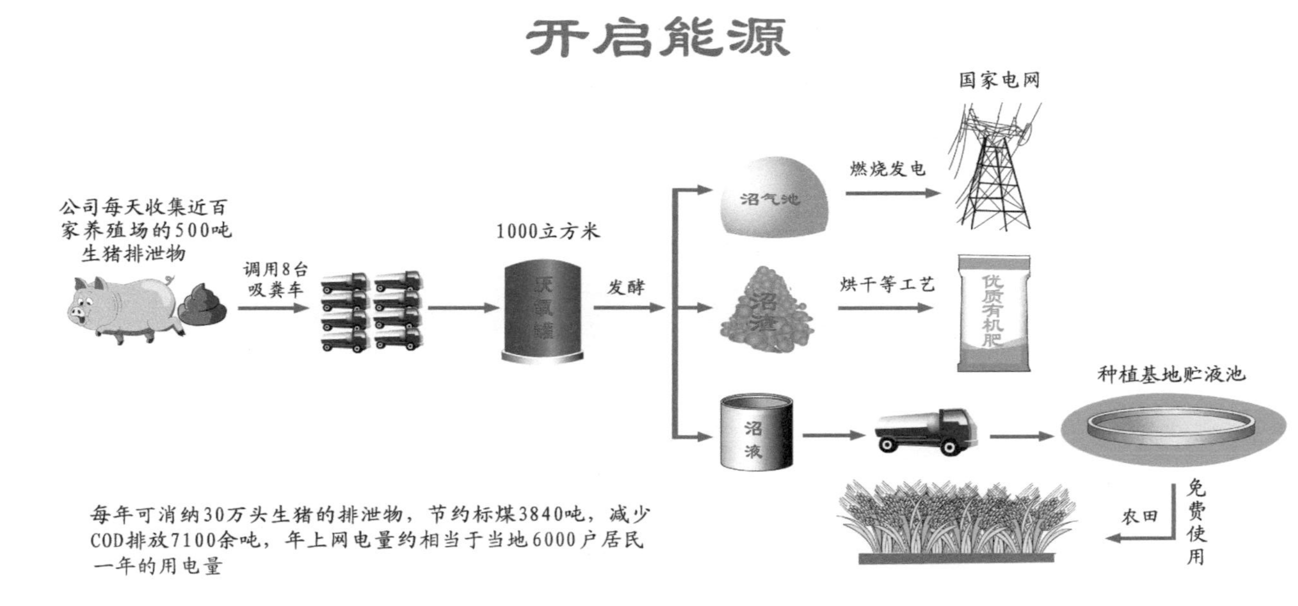
开启能源
公司每天收集近百家养殖场的500吨生猪排泄物
调用8台吸粪车
1000立方米
厌氧罐
发酵
沼气池
燃烧发电
国家电网
沼渣
烘干等工艺
优质有机肥
沼液
种植基地贮液池
免费使用
农田
每年可消纳30万头生猪的排泄物，节约标煤3840吨，减少COD排放7100余吨，年上网电量约相当于当地6000户居民一年的用电量

29. 多级循环

模式概要

该模式以畜禽养殖排泄物资源化利用和病死动物无害化处置技术为核心，主要通过养殖蝇蛆和“三沼”工程将病死动物和畜禽排泄物转化为可利用的优质蛋白饲料、商品有机肥、沼液、沼气等，实现种植业和养殖业对接，形成液废、固废多级循环资源化利用模式，蝇蛆处理死亡动物技术开启了病死畜禽无害化处理和资源化利用新途径。

模式内容

家蝇繁殖的幼虫称蝇蛆，是优质动物性蛋白质饲料。蝇蛆的营养成分与优质鱼粉相似，蝇蛆粉喂蛋鸡，其产蛋率比饲喂同等数量鱼粉的蛋鸡提高 20%，饲料报酬提高 15%以上。饲养蝇蛆的鸡所产的蛋，富含多种维生素、类胡萝卜素，蛋内脂肪不超过 3%，蛋白质含量超过 12%，含有人体必需的多种氨基酸，以及钠、钾、钙等矿物质等。该模式以厌氧发酵工程与蝇蛆工程为节点，利用厌氧发酵和蝇蛆的消纳、转化功能，走出了一条“液废—厌氧发酵—农田灌溉/水产补肥”“固废—蝇蛆养殖—饲料蛋白/有机肥—鸡/鸭/甲鱼/黄颡鱼—作物”的多级循环利用模式。该模式主要由以下几部分组成：

(1)废液、粪水循环利用。废液、粪水经厌氧发酵产生的沼气用于养殖场供热、照明、发电，产生的沼液经生化处理后用于农田灌溉、水产补肥等。

(2)粪便多级循环利用。建成工厂化猪粪生物处理及综合利用系统，具有年处理猪粪 1 万吨，生产有机肥 4000 吨，养殖蝇蛆 600 吨、鸡鸭 2 万羽、特种水产品（甲鱼、黄颡鱼）200 吨的能力。

（3）病死动物多级循环利用。合作社在利用蝇蛆处理猪粪的经验基础上，成功破解蝇蛆无害化处理病死动物的难题，开创了病死动物无害化处理和资源化利用新模式，申请了 12 项国家发明专利。其处理方式为“化制生物处置法”，即将病死动物分割后在高温高压下熟化灭菌，添加生物菌种及辅料作为蝇蛆的培养基质，再利用蝇蛆分解、消纳、转化，最后收获活性蝇蛆，鲜蝇蛆喂鸡、鸭、鱼，或烘干后加工成优质蛋白饲料，剩余残渣加工成有机肥还田循环利用。整个处理过程均在全封闭环境下进行，自动化程度高，生产过程清洁，病死动物 4 天就能得到彻底生态化处理，且不产生废水、废渣，实现了零污染、零排放。

模式成效

该模式适用于区域、县域排泄物资源化利用和病死动物无害化处置工作。该模式已建成了浙江省乃至全国首个利用蝇蛆无害化病死动物处理厂。年可处理病死动物 7300 吨，生产鲜蛆 1800 吨、有机肥 6000 吨。建成覆盖桐乡全市的病死动物收集、运输服务体系，形成了“户集、镇运、厂收”三级集运网络。病死动物处理补贴及蝇蛆产品、水产养殖、有机肥生产等还能给合作社带来一定的经济效益，年可实现经营利润 300 万元以上。

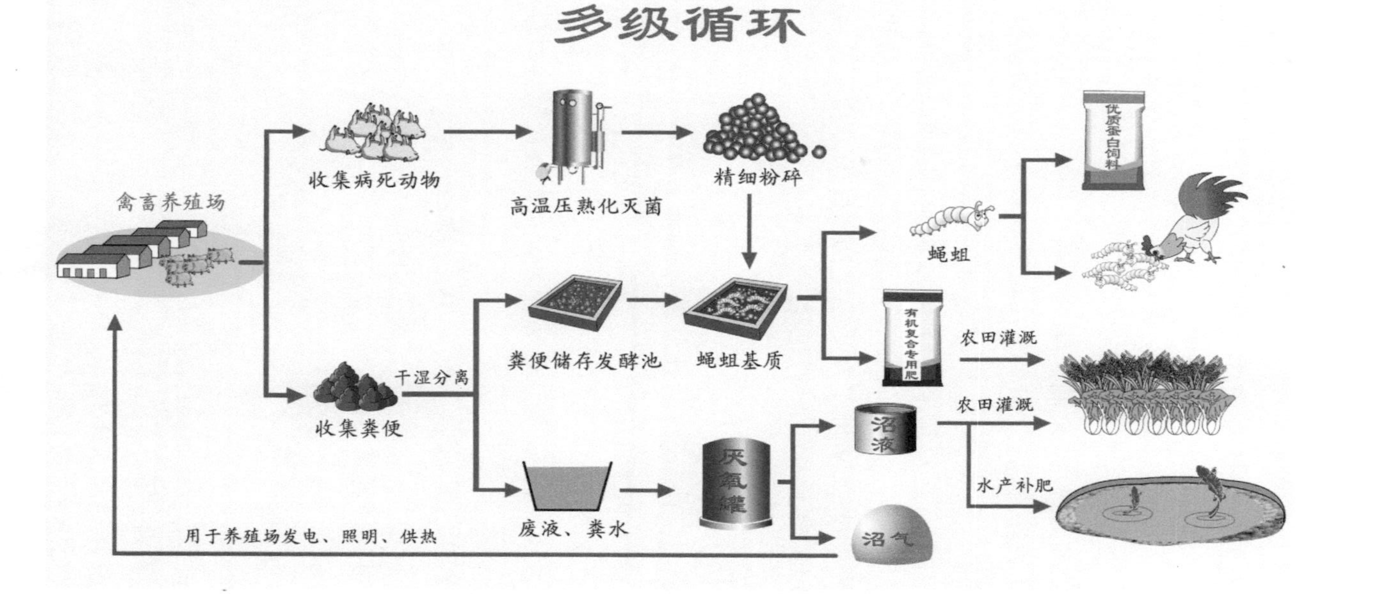
多级循环
禽畜养殖场
收集病死动物
高温压熟化灭菌
精细粉碎
收集粪便
干湿分离
粪便储存发酵池
蝇蛆基质
蝇蛆
优质蛋白饲料
有机复合专用肥
农田灌溉
废液、粪水
厌氧罐
沼液
沼气
农田灌溉
水产补肥
用于养殖场发电、照明、供热

30. 一秆多用

模式概要

该模式以农作物秸秆为主要原料，通过秸秆肥料化、基料化、能料化、原料化等途径，采用就地还田、制作食用菌基质、制作生物质燃料棒、编制草绳等技术，实现农作物秸秆的综合利用，最大程度地体现秸秆剩余价值，并减少秸秆露天焚烧，改善大气环境，达到“以用促治”的目的。

模式内容

该模式用于实现秸秆的综合利用，主要通过四条途径：秸秆直接还田、秸秆作食用菌基质、秸秆作生物质能料和用秸秆制作草编织品。

(1)秸秆直接还田。将秸秆经机械粉碎后，直接还田或加腐秆剂还田，应注意秸秆还田量的控制，还田量过大会对土壤造成不利影响。该方法与农业部有机质提升项目同步实施，不仅可增加土壤有机质，提升农田土壤质量，而且可节省生产成本。据检测，每吨农作物秸秆(风干基)平均含全氮 9.1 千克、五氧化二磷 2.98 千克、氧化钾 20.35 千克，按 2013 年农作物秸秆还田量 16.27 万吨计算，可少施纯氮 1480.1 吨、五氧化二磷 484.8 吨、氧化钾 3310.9 吨。

(2)秸秆作食用菌基质。将秸秆经机械粉碎后，按一定比例直接掺入牛粪中，发酵后作为食用菌基质，主要可用于双孢菇、杏鲍菇等食用菌的生产，生产后的废菌棒可进行二次还田，结合水稻、蔬菜等产业，可以形成“稻—菇—菜”轮作模式，特别是由于部分菌菇对于秸秆需求量大，可以带动当地秸秆收贮体系建设，秸秆可以以 30～80 元/吨的价格作为一种重要的食用菌生产原料进行交易，提升农民收集利用的积极性。

(3)秸秆作生物质能料。将秸秆经机械粉碎后，通过成型机加压、增密塑形，提高燃烧利用率，加工制成锅炉用生物质燃料棒，可替代锅炉用煤，解决烧煤污染大、烧柴油成本高的难题。

(4)用秸秆制成草编织品。主要以水稻秸秆作为原料，可加工成草绳，并采用传统手编工艺，编制草帘、草绳制品等，作为工艺摆件、旅游纪念品、绿化养护用品等。

秸秆的综合利用根据路径不同，需要配备秸秆打捆、秸秆粉碎、秸秆压缩成型、摇绳机等各类设备，前期需要一次性投入，但如果能获得一定的补贴，找准市场，可以较快地回收成本，产生经济效益，有效增加收入。

模式成效

秸秆就地还田，可以改良土壤结构，提升土地肥力，减少化肥施用，降低生产成本。嘉兴市嘉善县是浙江省最大的双孢菇生产基地、食用菌强县，2013 年全县种植蘑菇面积达 228 万平方米，利用秸秆 4.3 万吨，用作食用菌基质的稻草秸秆收购价为 80 元/吨，共可助农民增收 300 万元。秸秆作燃料棒，按每公顷 600 元收购回收秸秆，可降低燃料成本 20%～30%，燃料棒每吨销售价格可达 800～1000 元(含政府补贴)。秸秆作草绳，以农民合作社为单位进行制作销售，主要销往上海、江苏等地，亩均净收益达到 600 元。

总体上看，以嘉善县为样本，2013 年农作物秸秆产生总量 22.36 万吨，综合利用量 21.42 万吨，综合利用率达到 95.8%。其中秸秆还田 16.27 万吨，占秸秆总量的 72.8%；用作食用菌基料 4.3 万吨，占秸秆总量的 19.2%；用来制作燃料棒 0.15 万吨，占秸秆总量的 0.67%；用来编织草帘、草绳制品 0.7 万吨，占秸秆总量的 3.13%。用作食用菌基料、生物质能料、草绳原料等可延长利用产业链，减少秸秆露天焚烧，改善大气环境，增加经济效益。

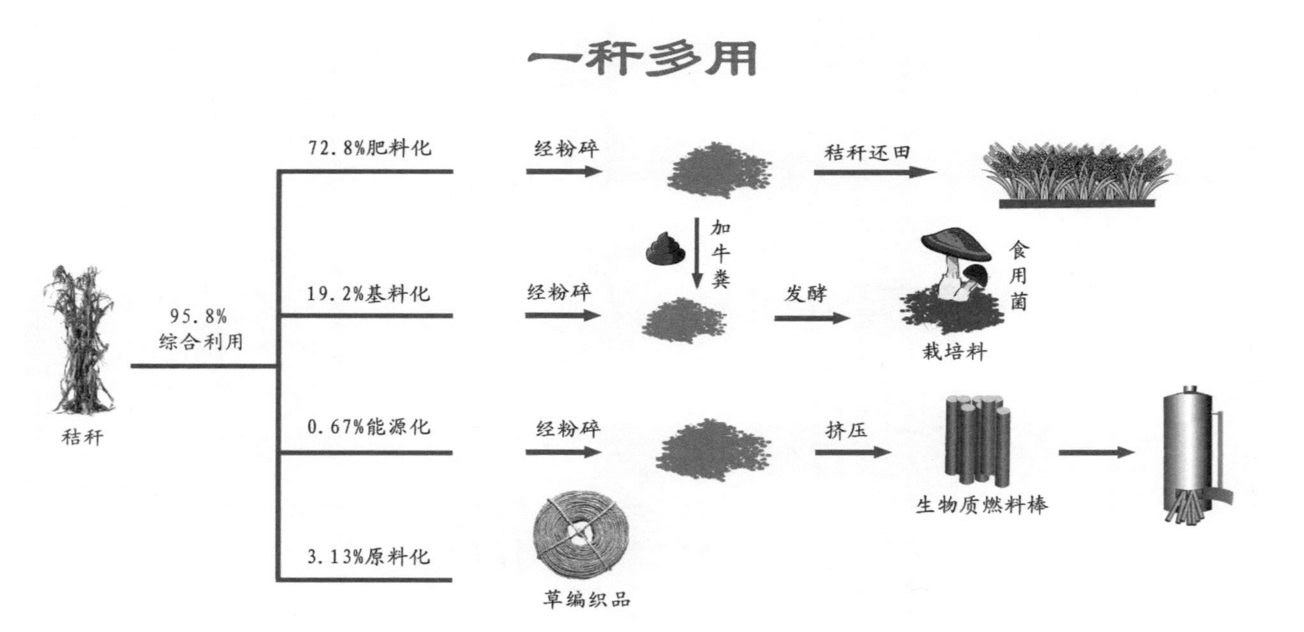
一秆多用
秸秆
95.8%
综合利用
72.8%肥料化
经粉碎
秸秆还田
19.2%基料化
经粉碎
加牛粪
发酵
食用菌
栽培料
0.67%能源化
经粉碎
挤压
生物质燃料棒
3.13%原料化
草编织品

31. 生态种植

模式概要

浙江省平湖市利用稻草种植蘑菇，蘑菇菌渣肥料还田，种植芦笋，芦笋生产废料和残叶用于喂养湖羊，形成了种植业、食用菌产业、湖羊养殖业三个产业间资源的循环，构筑了生态链条，推动了产业的绿色发展，产业增效，农民增收，有效地减少了秸秆露天焚烧带来的大气污染。

模式内容

利用当地以水稻为主导的产业优势，以水稻产生的秸秆为原料，稻草通过堆置发酵可用于生产蘑菇，生产蘑菇后产生的废菌渣可作为芦笋冬季清园时的有机肥，促进芦笋生长。同时，芦笋生产中会产生大量的芦笋嫩茎废料和芦笋母茎废料，将芦笋母茎废料粉碎后腐熟还田，替代部分蘑菇培养料，用芦笋嫩茎废料饲养湖羊、开发芦笋饮料等，使芦笋废料变废为宝。

平湖市是国家级商品粮生产基地，常年水稻播种面积 2.1 万公顷。以每公顷水稻产生 4500 千克稻草计算，平湖市水稻基地每年产生稻草 96000 吨。每万平方米的蘑菇需稻草原料 270 吨，全市共栽培蘑菇 228 万平方米，共需稻草原料 61560 吨，可消耗全市稻草总量的 64%。蘑菇生产后的蘑菇菌渣废料，按每万平方米蘑菇产生 180 吨来计算，全市的蘑菇产业会产生 41000 吨蘑菇菌渣废料。菌渣废料可在芦笋冬季清园时用于改良土壤，按每亩施用菌渣有机质肥料 1～2 吨计，全市芦笋面积近 400 公顷，芦笋产业消耗了 12000 吨的蘑菇菌渣废料。针对芦笋生产废料处理，用芦笋嫩茎废料饲养湖羊、开发芦笋饮料等，使芦笋废料变废为宝。整个模式通过利用稻草种植蘑菇、蘑菇菌渣废料还田种植芦笋、芦笋废料资源化利用的方式，实现了农业资源的循环利用和特色产业的良性互动发展，形成了“水稻—蘑菇—芦笋”的生态循环农业模式。

模式成效

采用稻草为原料栽培蘑菇，蘑菇优质高产、味道鲜美，而且不受季节限制，全年均可大面积栽培，年产量比常规栽培提高70%左右，稻草也能够变废为宝，稻草秸秆菌包成本低于5元，一个菌包产生的经济效益至少为10元，获利可达100%。以每吨稻草300元、年消耗稻草原料61500吨计算，每年可产生经济效益2214万元。蘑菇培养料经覆土后生产蘑菇，蘑菇年产值为1.58亿元。产生的蘑菇菌渣废料可用于改良土壤，栽培芦笋。平湖市全市芦笋种植面积近400公顷，年产值5559万元，消耗约12000吨的蘑菇菌渣废料。

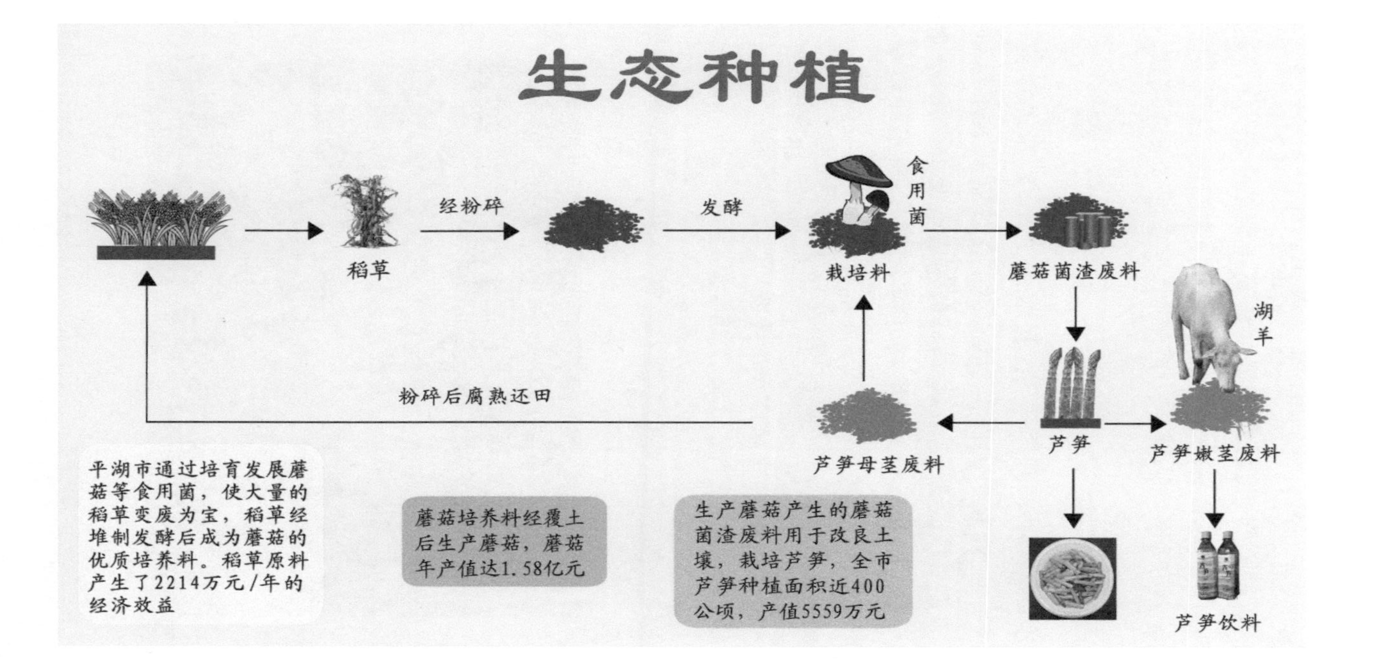
生态种植
稻草
经粉碎
发酵
食用菌
栽培料
蘑菇菌渣废料
湖羊
粉碎后腐熟还田
芦笋母茎废料
芦笋
芦笋嫩茎废料
芦笋饮料
平湖市通过培育发展蘑菇等食用菌，使大量的稻草变废为宝，稻草经堆制发酵后成为蘑菇的优质培养料。稻草原料产生了2214万元/年的经济效益
蘑菇培养料经覆土后生产蘑菇，蘑菇年产值达1.58亿元
生产蘑菇产生的蘑菇菌渣废料用于改良土壤，栽培芦笋，全市芦笋种植面积近400公顷，产值5559万元

32. 桑枝木耳

模式概要

桑枝木耳似乌金。以桑树修剪产生的桑枝条为主要原料，经粉碎后，按一定比例掺入食用菌基质，可用于黑木耳生产。生产后的黑木耳菌渣用作水稻田基质，可增加土壤肥力，改善土壤结构。利用水稻、黑木耳生产季节的连贯性，实行“水稻—黑木耳”轮作模式。

模式内容

桑枝为桑科植物桑的嫩枝，含氮量很高，同时含有大量的纤维素、半纤维素、酚类、黄酮类、生物碱等特殊成分，是一种常用的中药材。现代医学研究发现，桑枝具有降血糖、消炎、抗黑色素生成等功效。桑枝也可经粉碎加工作为生产板材的原材料，用途广泛，但实际使用率不高。在桑蚕产区，随着农村煤气和沼气的普及，以柴禾作生活燃料已成为历史，修剪下来的桑枝已经成为新的污染源。

该模式以废弃桑枝为主要原料，经粉碎加工后，以一定的比例掺入基质中，加工成黑木耳食用菌棒，用于黑木耳生产。待黑木耳生产期结束后，废弃的菌渣作为有机肥施用于水稻、蔬菜、水果等种植地，改善土壤团粒结构，起到保水保肥的作用。利用黑木耳种植生产周期短、原料来源广、不争土地的特点，应用“水稻—黑木耳”的轮作制度，利用生产时间的连贯性，在不损耗地力的前提下，提高土地的使用率。

该模式通过合理安排“水稻—黑木耳”“桑园—黑木耳”生产时间，建立了“稻(桑)—菇—肥”农业生产废弃物循环利用新模式，“水稻—黑木耳”的水旱轮作，有效消灭了黑木耳种植场地的杂菌污染，为来年黑木耳的种植创造良好的环境；同时减轻了水稻病虫害的发生，降低了农药用量。

该模式的应用须以当地桑园产业发展为基础，实现就近利用，以降低储运成本。按6000千克/公顷的桑枝产生量计算，每公顷桑园产生的桑枝可制作黑木耳菌包8550包，废弃菌棒还田量约60000棒/公顷。该模式可应用于区域、主体等各种生产规模，也可以用于香菇、鸡腿菇等其他食用菌的生产，可复制性、可推广性较强。

模式成效

发展桑枝食用菌有效解决了桑枝给环境带来的污染问题和安全隐患，增加了桑农的收入，降低了食用菌企业的生产成本。原先农户大多将桑枝用作燃料或堆积在野外，既浪费了资源，又污染了农业生产环境。利用桑枝替代硬杂木生产食用菌，既能使桑枝变废为宝，实现农业生产资源利用最大化，又能促进农民增收致富，还能改善和保护农业生态环境。

由于桑枝不含有对黑木耳等食用菌生长发育有害的油脂、松脂、精油、苦味、臭味及其他异味，而富含黑木耳生长需要的营养成分，因此产出的黑木耳口感好、质量上乘，出菇快，产量高，深受广大消费者喜爱，在市场上具有较强的竞争力。

杭州市淳安县拥有1万公顷桑园，年均产生废弃桑枝达5万余吨，全年可利用废弃桑枝条生产黑木耳菌包4000万包左右，每包菌包产值为4.5元，扣除每包成本1.6元，可获利2.9元。按每公顷桑园桑枝粉碎后可装菌包8550包计，每公顷土地产出增值24795元，累计产值2.48亿元。

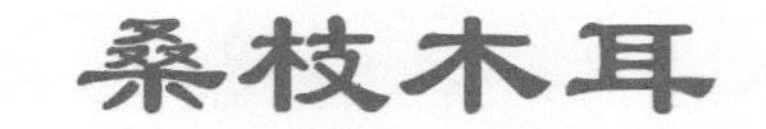

桑枝木耳

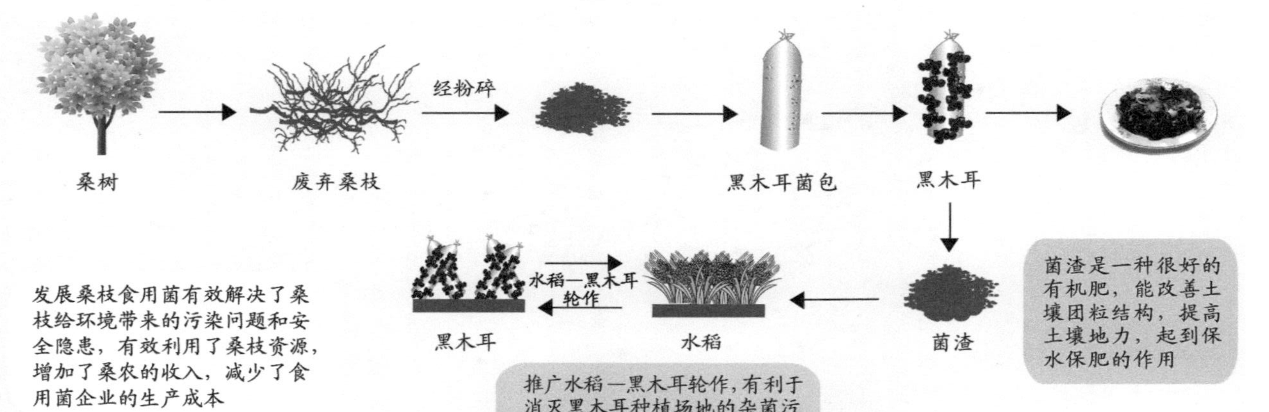

桑树
废弃桑枝
经粉碎
黑木耳菌包
黑木耳
菌渣
水稻
黑木耳
水稻—黑木耳
轮作
菌渣是一种很好的有机肥，能改善土壤团粒结构，提高土壤地力，起到保水保肥的作用
推广水稻—黑木耳轮作，有利于消灭黑木耳种植场地的杂菌污染，同时减少水稻种植中病虫害的发生
发展桑枝食用菌有效解决了桑枝给环境带来的污染问题和安全隐患，有效利用了桑枝资源，增加了桑农的收入，减少了食用菌企业的生产成本

节水篇

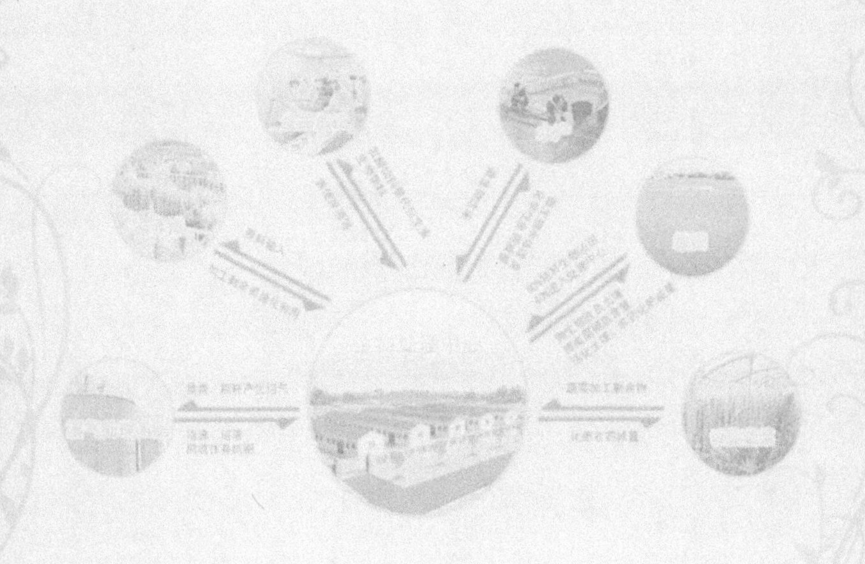

33. 雨水回用

模式概要

水是制约农业发展的重要因素之一。浙江省虽地处湿润气候带，降水量较为丰富，但水资源时空分布不均，区域性缺水和季节性干旱问题突出，同时由于经济发展和城市化进程中水环境的污染和水资源需求量增大等原因，水资源短缺仍是浙江省农业发展面临的重要问题。宁海县推广雨水集蓄回用滴灌技术，建立示范点，将温室、大棚及屋面的雨水通过水系排灌控制系统进行收集，通过肥水一体、膜下滴灌等施肥技术加以利用，减少农业生产的耗水量。

模式内容

宁波市宁海县建立了雨水集蓄回用滴灌技术推广示范点，具体分为三个部分：一是膜面、屋面雨水集蓄回用装置。建有雨水蓄存池 5000 立方米，通过雨水回用系统将 10000 平方米的育苗温室、11500 平方米的连栋大棚及厂房屋面的雨水进行收集贮存再利用。二是独立的水体排灌系统。对集雨量与农作物需水量耦合，进行用水平衡分析，确定灌溉水源水量，在旱、涝期对河港、池塘的水位、水质实现控制，大大降低农业用水对地下水、自来水的依赖程度。三是沼液贮存罐和低压微灌系统。在施肥方式上，改变传统的浇灌、撒施方法，采用肥水一体、膜下滴灌等施肥技术，将沼液的生态消纳、雨水的回用引入肥水一体系统。

模式成效

示范点每年通过雨水集蓄回用装置可收集的雨水量超过10000立方米；肥水一体技术，比传统畦灌节水50%以上，减少肥料投入超过10%，节本增收效应显著。

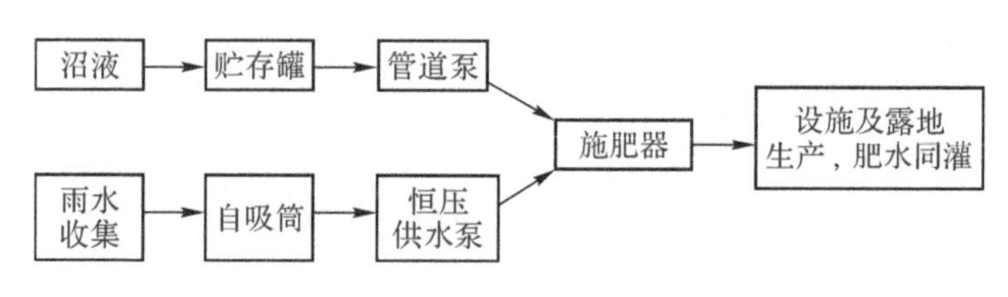

雨水回用肥水一体流程

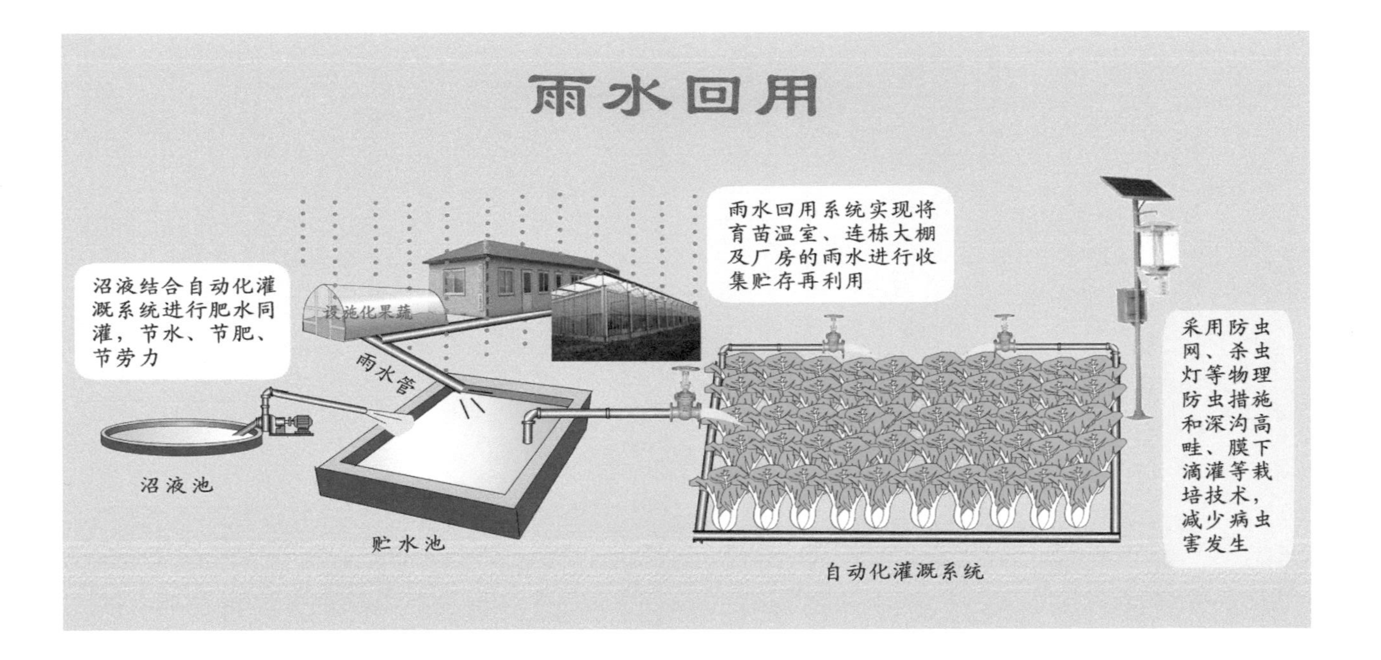
雨水回用
沼液结合自动化灌溉系统进行肥水同灌，节水、节肥、节劳力
设施化果蔬
雨水回用系统实现将育苗温室、连栋大棚及厂房的雨水进行收集贮存再利用
采用防虫网、杀虫灯等物理防虫措施和深沟高畦、膜下滴灌等栽培技术，减少病虫害发生
雨水管
沼液池
贮水池
自动化灌溉系统

34. 喷灌节水

模式概要

喷灌是一种利用管道借助压力进行灌溉的节水技术，与此同时还可以实现肥水一体，即根据作物生长的实际情况，将水和作物生长所需要的养分通过管道和特制的灌水器（喷灌管、喷灌带），直接、准确地输入作物根部附近的土壤中，或通过喷头分散成细小水滴，均匀地喷洒到田间，对作物进行灌溉、施肥。喷灌的优点众多，其中节水效果尤其显著，水的利用率可达 90%，与地面灌溉相比，1 立方米水可以当 2 立方米水用。作为一种先进的机械化或半机械化灌水施肥方式，在很多发达国家已得到广泛应用。

模式内容

因水资源时间分布不均，季节性缺水明显，为提高农业用水灌溉系数，降低用水压力，浙江省余姚市因地制宜，将工程、农艺和管理技术措施相结合，生态、社会和经济效益统筹兼顾，于 2007 年开始着手推广喷灌节水，建立示范试验基地 60 公顷。其中 4 公顷基地采用固定喷灌，将管道、喷头安装在田间固定不动，灌溉效率高，管理简便，造价约 9000 元/公顷；余下 56 公顷基地采用半固定微喷水带，将输水干管固定埋设在地下，田间支管和喷头可拆装搬移、周转使用，造价约 7500 元/公顷。2009 年开始推广在设施大棚内试验安装微喷灌，成本约 4.5 元/平方米，主要用于育秧，平均每天喷水 3～4次，人工成本明显下降，秧苗成活率提高，经济效益十分可观。

考虑建设成本和维护便利程度，灌溉系统选用国产多孔微喷灌带，型号为∅32-3，工作水压 3～5 米，每米流量 25～34 升/时，每条使用长度100米，喷洒宽度3米，每6米铺设一根微喷灌带，每公顷铺设微喷灌带约1500米，基地内分为若干个灌溉分区，每个灌溉分区一个轮灌单元约为0.1公顷，同时工作的微喷灌带约为15条，一次灌水量约为180立方米，灌水时间约为4小时。

模式成效

使用喷灌后，一是用水省，每次灌水75～105立方米/公顷，不足沟灌的三分之一，减少了水资源的浪费，涵养了水环境，降低了水土流失的可能，改善了生态环境；二是效果好，灌水效果较雨水好，优更于人工浇灌，表土不易板结，蔬菜长势快、卖相好；三是劳力省，平均每公顷可省人工30～45工，降低人工成本3000～4500元。

干旱季节，效益更加明显，收入增加15000余元/公顷，多时可达30000元/公顷。至2013年，总收入近1000万元，盈利超过200万元，大棚每公顷经济收入达180万元，净利润可达36万元。同时由于喷灌用的输水管道大多埋于地下，不必像漫灌占用大量耕地修建田间土渠，更不必对地形有特殊的要求，从而提高了土地利用率，单位面积的产量也随之提高。

喷灌节水

优点：①表土不易板结，蔬菜长势快、卖相好；②劳力省；③用水省；④经济效益增加

余姚市康绿蔬菜合作社采用喷灌、微喷灌等技术手段，在蔬菜栽培、蔬菜育秧上节本增效十分显著，经济收入每公顷增加15000余元

微喷灌用于蔬菜育秧，人工成本大大下降，秧苗成活率提高，经济效益十分可观，净利润可达36万元/公顷

35. 薄露灌溉

模式概要

根据水稻生理学与生态学理论，水稻只要根系有水，稻根不淹水也能生长，并且也能高产，这是中国水稻研究所早些年的研究成果。受这一成果启发，推广使用水稻薄露灌溉技术，该技术的核心是“灌薄水，常露田”，这是水稻灌溉的又一次革命。

模式内容

水稻薄露灌溉技术，即“灌薄水，常露田”，浅灌而不勤灌。“薄”，是指灌溉水层尽量薄，除返青期外，每次灌水深20毫米左右，水盖田即可；“露”，是指每次灌水后要自然落干露田，移栽后至拔节期以前露田到田面表土将要开裂（表土含水率60%左右）时复灌。秧苗返青后田面不留水层，利用降雨或沟灌使土壤保持适当的水分；孕穗期与抽穗期田面刚断水就复水；乳熟期至收割，逐渐加重露田，让田面表土微裂（表土含水率40%～50%），收割前提前7～10天断水；如连续淹水超过5天，则应排水露田。

理论上分析，稻田的渗漏量与灌溉水层的厚薄有很大关系，薄露灌溉使稻田水面蒸发和地下渗漏减少。叶面蒸腾与棵间蒸发是水稻主要的耗水途径，叶面蒸腾是指作物体内的水分通过叶面上的气孔散发到体外的过程，蒸腾作用是水稻的重要生理现象之一，薄露灌溉可以减少无效的蒸腾，降低蒸腾系数，提高蒸腾效率；棵间蒸发是指水稻植株间的水面蒸发，薄露灌溉在水稻整个生育阶段有一半左右时间田面无水层，水面蒸发变成了土面蒸发，而土面蒸发比水面蒸发减少蒸发量20%～30%，又因薄露灌溉能有效地控制无效分蘖，相应的植株蒸腾失水量也减少了。

用薄露灌溉技术代替常规的长期淹灌技术，还能改善土壤氧化还原状态，促进水稻根系生长，减轻长期淹灌造成的土壤缺氧、硫化氢等有害物对根系的毒害作用。薄露灌溉还可以促使分蘖提前，加快分蘖速度，让植株节位降低，成穗率提高。

模式成效

据测算，薄露灌溉技术与传统的灌溉方法相比，一季水稻可平均少灌水 2145 立方米/公顷，节水率为 35%，平均节电 124.5 千瓦·时/公顷，平均增产 1125 千克/公顷，增产率为 8.7%；每公顷减少灌溉电费 30～75 元、减少灌溉用工 7.5 工，节本增收 750～1050 元/公顷。

浙江省余姚市已使用水稻薄露灌溉技术长达 12 年，累计推广面积超过 2.6 万公顷。余姚市大中型水库对农业的供水近 10 年，从 8000 万立方米减少到 1500 万立方米，成为浙江省推广节水灌溉技术最成功的地区。

薄露灌溉

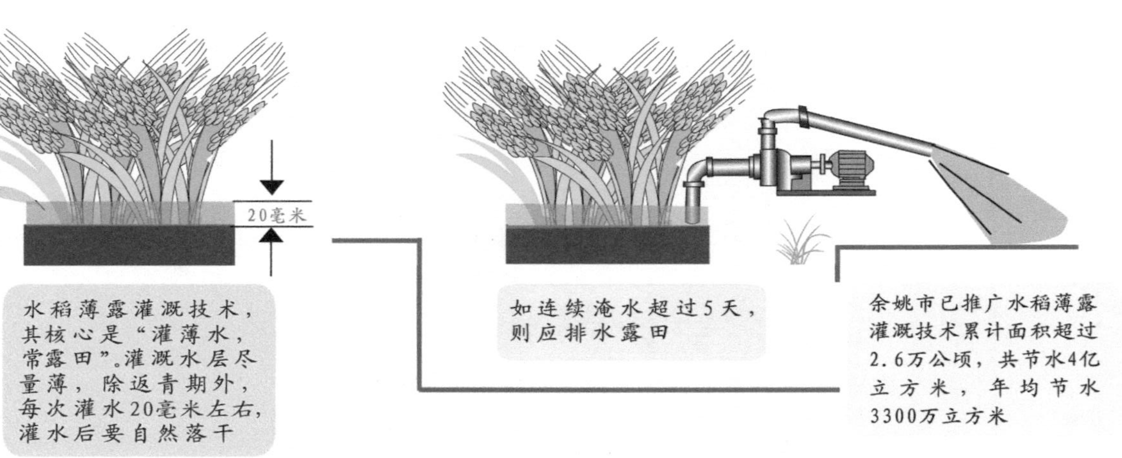
20毫米
水稻薄露灌溉技术，其核心是“灌薄水，常露田”。灌溉水层尽量薄，除返青期外，每次灌水20毫米左右，灌水后要自然落干
如连续淹水超过5天，则应排水露田
余姚市已推广水稻薄露灌溉技术累计面积超过2.6万公顷，共节水4亿立方米，年均节水3300万立方米

36. 节水减排

模式概要

人工清粪的典型缺点是劳动量大，生产效率低，清理环境恶劣，而机械清粪可以减轻劳动强度，节约劳动力，减少能源消耗。自动刮粪系统在日本已经运行30多年，应用自动刮粪系统，生猪育肥阶段可减少养殖用水30%，从源头实现了节水减排，减轻了治污压力，实现了"机器换人"，提升了养猪场的自动化和智能化水平。

模式内容

浙江省金华市浦江县毛阳岗生态养殖场全场占地面积10公顷，建筑面积16000平方米，常年生猪存栏6000头，建有具有1000立方米厌氧池的大型污水处理"三沼"综合利用工程，8700米的沼液输送管网，以及3400平方米的畜禽粪便收集有机肥加工中心。

为从源头控制养殖废弃物的排放量，减少治污压力，养殖场应用了一套基于养殖场环境友好、污水量减少的新型干湿分离式的自动化刮粪系统。其区别于传统养殖模式的新颖的清粪方式，在减少猪舍的水和空气污染、保障动物福利、提高生产效率方面具有显著优势。该设施设备简单、易操作，由主机控制箱、刮粪板、电机、索道等部件组成。其设计上采取无害化治理、资源化利用的"四改两分"模式。"四改"即改水冲清粪、人工干清粪为机械清粪方式，解决干湿分离与人工清粪存在的问题；改无限用水为控制用水，解决污水浓度高和排放量多的问题；改明沟排污为暗道排污；改渗漏地面为防渗地面，解决污染地下水的问题。"两分"即严格采用雨污分流和粪、尿分离设计工艺，将净道和污道分开。工艺流程是实行粪尿分道输送，定时(或手动操作）智能化清粪，工人在集粪池集中清运。V型坑道和Ω型尿液收集系统、低重心牵引和自伸缩性绳索技术、自调整型刮粪机构及其表面处理技术是实现猪舍固液全自动分离技术的基础。应用该系统须建造半漏缝地板、半地面结构的新型猪舍，在猪舍内预先建污水输送管道，以配合刮粪系统实现干湿分离。采用的处理工艺实现了猪舍固液直接分离，可以明显减少后续污水，同时由于排出的液体中COD仅为水泡粪的1/6，显著降低了污水处理成本，并且来自猪舍的粪便能直接堆肥、猪舍排泄物每天都能得到清理，防止细菌滋生。

模式成效

该模式符合浙江省“五水共治”和畜牧产业升级改造的需要。从运行效果来看，自动快速清理猪舍内的粪便和污水，可明显降低猪舍内氨气等有害气体的浓度和湿度，改善猪舍空气质量，保障生猪健康生长；育肥阶段减少污水产生量30%以上，实现了干湿分离、节水减排要求，减轻了养殖场的污水处理、运行压力；实现了“机器换人”的目标，提高了自动化水平，大大减少了猪舍饲养管理中的人工投入。该模式符合国家和省发展设施畜牧业和提高动物源性食品安全的战略需要。对于新建养殖场来说，无疑是理想的选择，但对于老式养殖场来说，其改造成本等同于或大于新建，一定程度上制约了其应用。

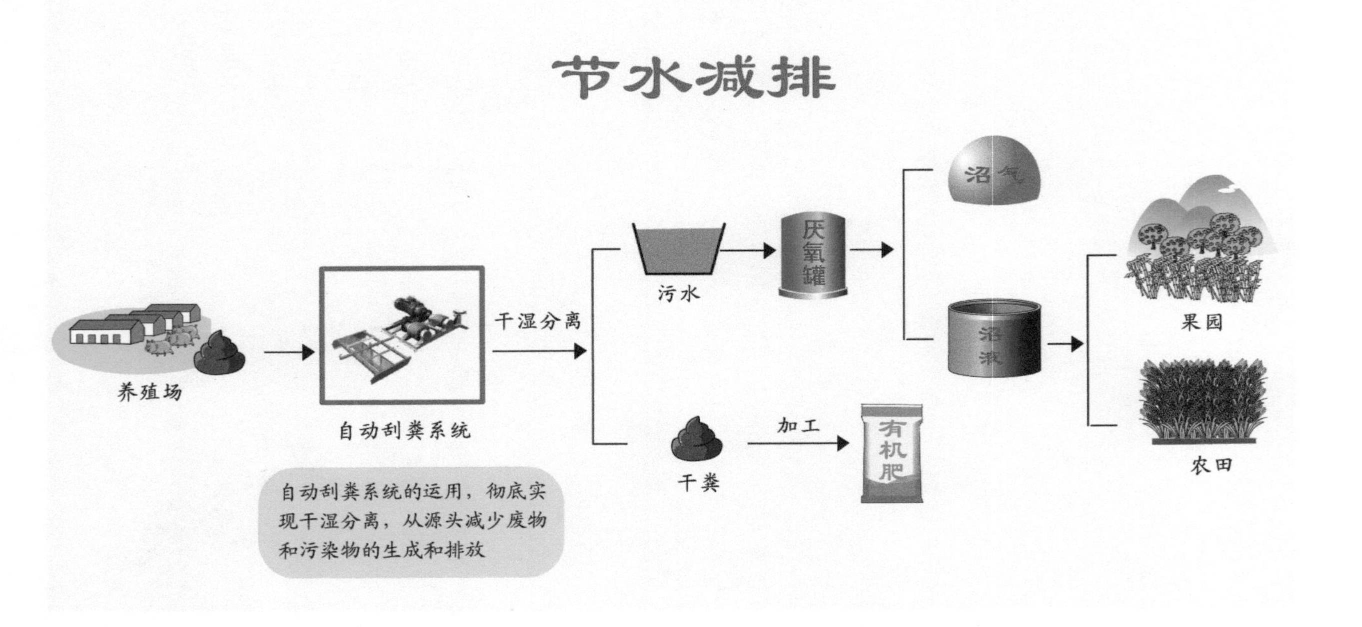
节水减排
养殖场
自动刮粪系统
干湿分离
污水
厌氧罐
沼气
沼液
果园
农田
干粪
加工
有机肥
自动刮粪系统的运用，彻底实现干湿分离，从源头减少废物和污染物的生成和排放

参考文献

[1] 潘景伟. 病死猪无害化处理中存在的主要问题和建议[J]. 中国畜牧兽医文摘,2016(5):20.

[2] 陈腾飞. 热辅快速生物发酵降解病死猪尸体生物安全效果评估[D]. 郑州:河南农业大学,2015.

[3] 郑文金. 病死猪处理模式综合效益的比较及优化研究:以福州市为例[D]. 福州:福建农林大学,2013.

[4] 孙培明,唐宏. 病死猪无害化处理技术综合性分析与讨论[J]. 中国猪业,2015(4):55-58.

[5] 嘉兴市农业经济局. 嘉兴市探索病死动物无害化生物处理新模式[J]. 浙江现代农业,2014(5):46.

[6] 罗开武,邹爱华,邹昀华. 绿狐尾藻治理猪场废水效果观察[J]. 湖南畜牧兽医,2016(1):22-24.

[7] 许美兰,叶茜,李元高,等. 基于正渗透技术的沼液浓缩工艺优化[J]. 农业工程学报,2016(2):193-198.

[8] 鹿晓菲,马放,王海东,等. 正渗透技术浓缩沼液特性及效果研究[J]. 中国沼气,2016(1):62-67.

[9] 宋成芳,单胜道,张妙仙,等.畜禽养殖废弃物沼液的浓缩及其成分[J].农业工程学报,2011(12):256-259.

[10] 陈碧,汪兴中,俞丽建.水禽旱养结合农牧生态循环农业模式研究:以南浔卓旺农业科技有限公司为例[J].水禽世界,2014(6):37-40.

[11] 朱水星,徐丹颖.仙居县实施"人畜分离"科学养殖的措施与成效[J].浙江畜牧兽医,2014(6):27-28.

[12] 王子君,刘静,王永强.农民参与农药包装废弃物的回收模式分析[J].中国科技信息,2016(1):20-22.

[13] 李小荣.丽水山区病虫害绿色防控与统防统治融合的实践与思考[J].中国植保导刊,2016(3):85-87.

[14] 徐南昌,莫小荣,刘立峰,等.衢州市专业化统防统治调查与思考[J].中国植保导刊,2015(9):80-82.

[15] 张舟娜,李阿根,汪爱娟.余杭区 2011 年水稻统防统治用药分析[J].浙江农业科学,2013(8):1004-1005,1008.

[16] 龚露,冯金祥,张国鸣.浙江省农作物病虫害专业化统防统治的实践与对策[J].中国农技推广,2011(8):8-10.

[17] 徐南昌,林加财,莫小荣.衢州市稻田农药减量应用技术研究[J].浙江农业学报,2015(6):994-999.

[18] 张国鸣,张国娟,石春华.实施农药减量控害增效工程全面推进农业面源污染治理[J].中国植保导刊,2007(5):45-47.

[19] 陆若辉,陈一定.浙江农业施用化肥减量可行性分析[J].浙江农业科学,2015(6):769-770,783.

[20] 蔡炳祥，刘晓霞，李建国，等. 连续实施化肥减量对水稻产量和土壤肥力的影响[J]. 浙江农业科学，2016(4)：471-474.

[21] 秦方锦，齐琳，王飞，等. 3 种不同发酵原料沼液的养分含量分析[J]. 浙江农业科学，2015(7)：1097-1099.

[22] 杨治斌，吕旭东. 浙江省沼液利用现状与推进机制探讨[J]. 浙江农业科学，2014(11)：1665-1668，1673.

[23] 陆若辉，张寒，周斌，等. 浙江农业节水生产现状与对策[J]. 浙江农业科学，2016(3)：314-315，317.

[24] 陈喜靖，沈阿林，奚辉，等. 浙江省“五水共治”之“抓节水”的重要性及途径[J]. 浙江农业科学，2015(1)：5-9.